獣医師が考案した

長生き猫ごはん

安心・簡単・作り置きOK!

著：林 美彩（獣医師） 監修：古山範子（獣医師）

世界文化社

愛情いっぱいの
お皿に替えて

愛猫に手作り食、始めましょう。

以前、『獣医師が考案した長生き犬ごはん』を作った際に、
読者の方々から猫のごはん本の問い合わせをたくさんいただきました。
皆さんが猫の手作り食に興味を持ってくださり、本当に嬉しく思います。
他のすべての動物と同様に、猫の体も、
毎日の食べ物から作られています。
つまり、食事と健康とは不可分な関係なのです。
ただ、猫の手作りごはんは、少しハードルが高く感じられるかもしれません。

猫のほうが犬より好き嫌いが激しいため、何か気に入らないと
“食べない”という選択をしますし、
そのため多くの人が、手作り食で挫折を
味わっているのを見てきました。
私たちが皆さんに声を大にして言いたいのは、
もっと気楽に、食べてくれたらラッキー！
ぐらいの気構えで取り組んでほしいということです。

どんなに高価なお肉だって、どんなに愛情を注いでも、
猫ちゃんにしたら「食べ慣れたものではないから食べたくない！」と
いうのは当然のこと。
だからこそ、段階を踏んで、手作り食を食べさせていく方法、
名づけて［Hop・Step・Jump 法］を取り入れました。
手作り食は長く続けてこそ、意味があるものです。

最初から頑張りすぎてしまうと、途中で
飼い主さんが億劫になってやめてしまうことになりかねません。
まずは、難しく考えず、愛情たっぷり、
楽しく続けていただくことが大切です。

著　林　美彩
監修　古山範子

CONTENTS

17 PART 1 季節のレシピと猫ごはんの基本

63 PART 2 ニャンコの食事・健康Q&A

本書編集ページに掲載されている商品は、原則として本体価格であり、2020年10月20日現在のものです。
税込価格は消費税を本体価格に加算した金額となります。
本体価格や店舗情報は諸事情により変更されることがあります。
また、掲載した写真の色や素材感が、実際の商品と若干異なる場合があります。あらかじめご了承ください。

著 林美彩 × 監修 古山範子

SPECIAL TALK

健康で長生きするための3カ条

- ☑ 良質なたんぱく質を与える
- ☑ 食事で水分が摂れるようにする
- ☑ 人肌くらいの温かい食事が基本

2人が考える、
理想の猫ごはんとは？

古山　まずは、猫は完全に肉食の動物。良質なたんぱく質が摂れることが第一です。同時に水分が摂れると、ベストですね。

林　そうですね。

古山　1日の必要カロリーと同じくらいの量（cc）を摂ってほしいと思います。

林　そう思うと、猫は水分不足の子、多いですね。だからこそ、食事で水分が摂れるといいですね。また、食事の嗜好性についての論文には、27℃と37℃の食事を猫に与えたら、37℃のほうをよく食べたという研究結果が載っていました。おそらく、食事の匂いが立つからだと思うのですが、人肌くらいの温かさで与えることも大事ですね。

猫も東洋医学（薬膳）ベースがいいのでしょうか？

古山　日本には四季があるので、その時々の「旬」を食べることが基本だと思います。人間と同じです。

林　食材には「冷性」「温性」などの食性があるので、それらを考えて与えてほしいですね。

古山　夏には「体を温める食材」ではなく、「体を冷やす食材」がいいですね。逆に冬は「温める食材」を。ただし、室内にいる猫たちは、夏には冷えすぎている子が多いので、調整が必要です。

林　犬より猫のほうが冷えやすいので、室内環境も大事になります。人間にとって「少し暑いな」というくらいの室温がちょうどいいんです。犬に比べて、猫は熱中症にはなりにくいんですが、脱水症には注意が必要です。

手作り食を取り入れるにあたって、飼い主が気をつけるべきことは？

古山　「嗜好性を知ることは、その猫を知ること」です。何が好きで何が嫌いかなど、飼い主さんも楽しみながら知っていくことが重要です。

林　「せっかく作ったのに全く食べない！」というのはよくあること。食材の切り方はもちろん、どうやって調理するか、どんな容器を使うかなどで、食べたり食べなかったりします。食べないからといって挫折して、もう手作り食は作りたくないということのないように、飼い主さんも気長に構えることが重要です。

古山　義務ではないので、飼い主さんも楽しく！が基本ですね。まずは、ウェットフードの上に、ちょっと肉や魚をのせてみるところから始めてみましょう。

林　ドライフードの上に肉や魚をのせると、カリカリ感がなくなって食べない猫も多くいますからね。

古山　今日は「こういう工夫をしてみよう！」と試してみる。その工夫を猫が受け入れたときこそ、飼い主さんと猫が、食を通じてコミュニケーションが取れたときなのです。

飼い主が気をつけるべき❸カ条

☑ 気長に作りましょう！

☑ 食べなくてもがっかりしない！

☑ 工夫を楽しんで！

HOW TO USE THIS MANUAL

本書の使い方

**食材の分量は
3kgの成猫の
1日の
摂取カロリー**

まずは肉・魚の量（かさ）を決め、野菜・炭水化物を足していくといいでしょう。また猫の年齢、運動量、おやつの有無でも変わってきますので、まずは記載量の6～7割の分量から始め、食べ方や体調などの様子を見て、「増やす」「減らす」を決めてください。また猫の体重による摂取カロリーはP.70を参考に！

疲労回復にも効果がある初がつおを入れて

初がつおは猫の必須アミノ酸であるタウリンが豊富。春＝肝の季節は肝臓に負担がかかり、疲れやすい時期なので、タウリンで肝臓のサポートをしつつ、めかぶ、ひきわり納豆などで腸活も！ オメガ3系の油である亜麻仁油を最後にひとかけ。

Recipe

1日分（2食）　3kgの場合　計**181**kcal

肉系　**魚系**　**油あり**　油なし

30

**肉、野菜も
その日で
替えてOK！**

1日分（2食分）を作る場合は、1食分は冷凍保存すれば、1週間は持ちますので、夜は別のレシピで手作り食を与えるのもいいでしょう。食材はP.116～の季節の食材を参考にしてください。

**摂取カロリーを
計算のうえ、
油の有無は
決めて**

オリーブオイル、亜麻仁油は猫のエネルギー源になります。オリーブオイルのオレイン酸は腸の働きを活性化して便秘を和らげる作用があります。

Point

A えのきたけ、アスパラガス、ご飯を入れて柔らかくなったら、めかぶを加える。（めかぶは加えなくてもOK）

B すぐにひきわり納豆を加え、ひと煮立ちしたら、最後にかつおを細かく刻んだものを加えて煮る。亜麻仁油は冷めてからひとかけする。

調理法は多彩に！

調理法はあくまでも一例です。豆乳、やぎミルク、しじみ汁、昆布水を加えるもよし。とき卵で卵とじ風にしてもよし。ゼラチンで固めて煮こごり風にしたり、片栗粉や葛でとろみをつけるのもいいでしょう。また、ひきわり納豆、大根おろしなどのトッピング(P.52〜)も活用してみましょう。

野菜などの刻み方にも工夫を

猫は好き嫌いが激しい動物。野菜が嫌いな子も多いので、刻み方にも工夫が必要です。フードプロセッサーでどろどろにした食材が好きな子もいれば、みじん切りが好きな子もいます。まずは、いろいろ試してみるのがいいでしょう。

また、腸内で潤滑油のような役割を果たし、便の滑りをよくして排出をスムーズにすることも期待できます。亜麻仁油に含まれるオメガ3は、細胞膜の柔軟性を高めてくれて、栄養素の運搬がしやすくなります。しかし、いくら健康によいとはいえ、油であることに変わりません。摂取しすぎると肥満や膵炎の原因になるので、与えすぎには注意してください。3kgの子には小さじ1/2くらいで十分です。

猫には5大栄養素が必要です

栄養バランスは保たれていますか？

たんぱく質

アミノ酸

毛、皮膚、爪、筋肉、腱、靭帯、軟骨などを作るアミノ酸を供給するのがたんぱく質です。ホルモンや免疫物質生成の材料にもなります。

脂質

3大栄養素（たんぱく質、脂質、炭水化物）の中で1g当たりの熱量が高く、主に熱源となります。脂肪の摂取は体温維持に役立つほか、脂溶性ビタミン（A・D・E・K）の吸収を助けたり、必須脂肪酸を供給したりします。

[タウリン]

アミノ酸の一種であるタウリン。欠乏すると目や心臓の疾患などを引き起こすことがあります。タウリンは魚介類や肉に多く含まれているので、しっかりとたんぱく質を摂取していれば不足することはほとんどないと考えられます。

炭水化物

糖質＋
食物繊維

炭水化物は即効性のエネルギー源になりますが、猫の場合、分解する消化酵素を持ち合わせていないため、食事全体に含まれる量が40％以上の場合、消化機能の低下（下痢・嘔吐・鼓腸など）を引き起こす場合も。与えすぎには注意が必要です。

ビタミン

ビタミンには水溶性と脂溶性があります。水溶性はビタミンB1(チアミン)、B2(リボフラビン)、B3(ナイアシン)、B5(パントテン酸)、B6(ピリドキシン)、B7(ビオチン)、B9(葉酸)、B12(コバラミン)、コリン、ビタミンCに分類されます。脂溶性ビタミンはビタミンA(レチノール)、ビタミンD(カルシフェロール)、ビタミンE(トコフェロール)、ビタミンKに分類されます。脂溶性ビタミンを過剰摂取すると体内に蓄積され、中毒や副作用を生じることがあるので注意が必要です。

ビタミンAとB3の欠乏に注意

ビタミンAに関しては、猫はβ-カロテンからビタミンAを作り出すことができないので、レバーなど、直接摂取できる食材を追加することが大事です。週に2～3回の割合で与えましょう。また、ナイアシン(ビタミンB3)が欠乏すると下痢などの消化器症状を起こし、最悪の場合は死亡することがありますが、肉・魚・レバーを食べていればナイアシンは十分摂取できます。

ミネラル

ミネラルには体調を整える役割があります。必要量は極めて微量ですが、なくてはならない栄養素です。ただし、ミネラルの過剰摂取は害があるものが多いことを忘れてはなりません。

PLUS ＋水分

水は体液平衡をつかさどる重要な成分です。新鮮な水をいつでも飲めるようにしておくのが飼い主さんの務め。健康な猫に必要な水の量(ml/日)は、1日に必要なエネルギー量(kcal/日)とほぼ等しいといわれています。水飲み場の数は飼育頭数×2＋2が基本です。

ニャンコへの手作りごはんはどれくらい?

与える分量を知りましょう

毎日カロリーを計算するのはかなり大変なので、愛猫の体重によってメインとなるたんぱく質(肉または魚)を決めましょう。炭水化物は少なめに。

栄養バランスとしては、肉・魚類が 8 ～ 8.5 割、野菜類が 1 割、穀類・いも類が 0.5 ～ 1 割程度が理想。

猫は完全な肉食動物(真性肉食動物)なので、しっかりと動物性たんぱく質を摂ることが重要です。また、自分で栄養素を合成することもできないため、飼い主さんのいっそうのケアが必要です。我が子をアスリートにする感覚で、手作り食を作ってみてください。

下の表はあくまでも「目安」です。
猫によって胃の許容量や消化能力、運動レベルなどで食べる量が変わります。まずは目安の量の6～7割程度を与えて、体調や体重、血液検査の変化などを見ながら、徐々に量を目安まで近づけてあげてください。
運動量の多い子は、全体を1.2倍にしても。
ドライフードやウェットフードと併用する場合には、減らした分と同じくらいの量をトッピングしてあげてください。トータルでバランスがとれていればOKです！

【 食事量の割合 】 3kgの子を1とした割合

体重	食事量	体重	食事量
1kg	0.4	6kg	1.7
2kg	0.7	7kg	1.9
3kg	1.0	8kg	2.0
4kg	1.2	9kg	2.3
5kg	1.5	10kg	2.5

季節に合ったもの、旬のものを愛猫に！

それ自体が薬膳の考え方です

食材には五性（熱性・寒性など）があります。また、旬のものは栄養価が高いので、積極的に取り入れましょう。ただし、季節を問わず体調・体質に合わない食材をなんでも与えすぎると、五臓に負担をかけてしまいます。食は毎日のこと。それが365日続くのです。「医食同源の言葉があるように、医も食も健康を保つためで、本質は同じ。日本の四季折々の食材を使いながら、少しだけ薬膳の考え方をプラスすることで、健康と幸せな時間を愛猫と共有できます。

春は肝の季節

「気」の滞りを改善し、血流を促す緑黄色野菜をふんだんに！

冬は腎の季節

「腎」を補い、水分バランスの調整を心がけて！

夏は心の季節

「心」の余分な熱を取り除く赤い食材を！

土用は脾の季節

季節の変わり目、特に梅雨の時期は消化器に負担をかけないこと！

秋は肺の季節

「肺」に潤いをもたらし、乾燥から守ってくれる食材を！

まずは押さえておきたい

— PART 1 —

季節のレシピと猫ごはんの基本

ドライフードしか食べない子も安心！

好き嫌いが多い子にも！

HOP・STEP・JUMP方式とは？

猫はきれい好きで繊細な動物。食べ慣れた食事やおやつばかり食べます。「食べ慣れていないものに、チャレンジしよう！」という冒険心がなかなかわきません。
そんな気難しい子たちに手作り食を与えるのは非常に大変なこと。
そこで考えたのが、Hop・Step・Jump方式です。
Hop・Step・Jump方式は1週間でJumpまでいく子もいれば、1か月～半年かかる子もいます。少しずつ猫の体調・気分を見ながら、食事を替えていきましょう。

Hop 期間

まずはいつものフードに肉、魚の量（かさ）を決め、野菜、炭水化物を足していくといいでしょう。いわゆる「トッピング」です。食材をほんの少量ずつ加えてみましょう。また猫の年齢、運動量、おやつの有無でも変わってきますので、食べ方や体調など様子を見て、「増やす」、「減らす」を決めてください。また猫の体重から見た摂取カロリーはP.70を参考に！

トッピング用ごはんの準備をしなくてもいい！ 例えば、味つけする前の炒めものから肉や野菜だけを取り分けるなどの方法にすれば、手間いらずで簡単。

Step 期間

今までの食事1：手作り食1期間。この時期が最も大事です。いきなり替えるのではなく、徐々にフードの量を減らし、その分、肉・魚や野菜を増やしていきましょう。フード1：手作り食1になるまで、毎日少しずつ少しずつ手作り食を増やしていくのが肝心です。嗜好性とともに消化器官もこの食事に慣らしていきましょう。

Let's Challenge

Jump 期間

肉や魚・野菜は、
フードに混ぜ込んでも OK です！
ただ、別盛りを好む子もいるので、その子の好みを見極めて！

手作り食に移行期。ほぼ完全手作り食へ。とはいえ焦らず、まずは記載量の６～７割の分量で始めてみてください。今まで主食だったフードをトッピング程度に入れてあげてもいいでしょう。さまざまな食材をいろいろな調理法で食べさせてあげることが大切です。例えば鶏肉であってもささ身、もも、手羽などの部位がありますので、根気よくトライしてみましょう。

そのままでは腐りやすくなります。夏ならば1時間、それ以外の季節でも最長でも２時間を目安に捨てましょう。

HOW TO MAKE BASIC

基本の作り方

別盛り大作戦！

Step 1

野菜と水180～200mlを鍋に入れる。

Step 2

野菜が煮えたら、ご飯を加える。

Check!

火の通りにくいにんじん、かぼちゃなどを先に、火の通りやすいしいたけなどは後で入れる。

猫の好き嫌いを見極めましょう。

猫は別盛り大作戦がいちばん！

1日目 まずは、肉と魚でどちらが好きか？

2日目 肉を選んだ場合、どの種類が好きか？

3日目 肉の切り方や煮え方はどれが好きか？

＊猫が魚を選んだ際にも同じようにくり返します。バイキング形式で好き嫌いを把握しよう！

人間が食べる“塩などで味つけをしない”具だくさんスープと作り方は変わりません。鍋ひとつで誰でも簡単にできます。
※基本の作り方は、STEP以降となります。

Step 3

ご飯が指で、簡単につぶれるまで煮込む。

肉や魚を加えて、煮えたら、冷まして完成!

保存方法

1週間以内に使いきりましょう!

冷凍保存

1食分ずつに分け、冷めたら冷凍庫に。

2〜3日で使いきりましょう!

にこごりは冷蔵保存

寒天4〜6gを水で溶かし、2分沸騰させたら粗熱を取り、具が均一になるように整えます。＊粉寒天ならそのまま入れても構いません。

［ トッピング期間 ］

約1週間

Hop 期間

フードの切り替え が大事

「せっかく手作り食を作ったのに、猫が食べない」……といっても、ニャンコにしてみれば、「勝手に替えられては困るニャー」という具合です。

初めに言っておきますが、ニャンコは手作り食をいきなり出されても、食べない子がほとんどです。しかし、そこで飼い主さんががっかりして、「もう、やめた」では、何も始まりません。

まずは飼い主さんの気持ちが大事です。

「ニャンコは手作り食を食べない。食べてくれたらラッキー」というくらいの軽い気持ちでいましょう。

そして、ドライフードやウェットフードを食べさせているお宅では、今までの総合栄養食を主体に、手作り食材をトッピングすることからおすすめします。トッピングするなら、栄養バランスを崩すリスクも少ないでしょう。

特にニャンコは、食べたことのないものを食べ物とみなしてくれないことが多いのです。

少しずつ、おなかとお口と相談しながら、進めてみてください。

初
日

鶏むね肉を細かく切って、小さじ 1/2 くらいを、食べさせるときに混ぜ込みます。毎日少しずつ、肉の量を増やしていきます。

5
日目

肉の量も増えて、魚も追加。野菜も小さじ 1/2 くらいを入れます。初めてチャレンジする場合は、野菜も 1 種類ずつ、確認しながら取り入れましょう。

〔 今までの食事1：手作り食1期間 〕

約1週間

Step

期間

トッピング期間で、ニャンコが肉が好きか、魚が好きかもわかり、野菜の好き嫌いもわかったのではないでしょうか。トッピングの食事にも慣れてきたら、次の段階です(もちろん、トッピングだけでもいいと思います)。

徐々にウェットフード、ドライフードの量を減らし、その分、肉・魚や野菜を増やしていきましょう。

朝だけ手作り食の割合を増やし、夜ごはんはトッピングという形でもいいでしょう。嗜好性とともに、消化器官にも徐々に慣らすことが大事です。また、Step期間で猫の体重や変化をよく見ておきましょう。

8日目

肉の量も野菜の量も増えました。食材が増えた分、ウェットフード、ドライフードの量を減らし、徐々に1：1くらいになるようにします。

9日目

この日は魚が主体。食べる食材の種類も少しずつ、増やしていきます。

10日目

かなりウェットフード、ドライフードの量も少なくなり、食材が主体となってきました。野菜のピューレの中には、パプリカとれんこんも入っています。

［ 手作り食への移行期間 ］

15日目〜 Jump 期間

Step期間が難なく終わったら、ほぼ完全手作り食へ移行します（もちろん、Step期間が長く続いても構いません）。
ニャンコの栄養バランスは、肉魚（たんぱく質・脂質）が8〜8.5割、野菜が1割、穀類＆いも類が0.5〜1割程度といわれています。また、手作り食では、カルシウム、鉄、亜鉛などが不足しがちに。鉄、亜鉛の補給にはレバーなどを取り入れる必要があります。
ワンコと違って炭水化物の摂取量が少ないので、カロリー源としてもオイルの使用は重要。動物性の脂肪分の量を見ながら、最後に、亜麻仁油やオリーブオイルをひとかけするのも有効です。
次のページからは、めかぶやきくらげも使っていますが、まずは、それらを抜いたもので試して、慣れてきたら加えてみてください。
食べない場合には、入れなくてもOKです。食は毎日のことなので、無理のないように取り入れてくださいね。

Fish ver.

魚主体のごはん

「つゆだく」だと食べないニャンコもいます。まずは、つゆだくではなく、具だけをあげてみてもいいでしょう。本来、ニャンコは水分不足になりがち。最終的には、つゆだくごはんが食べられるようになるとベストですが、作り方を替えるだけで嫌がる可能性も！少しずつ移行しましょう。

Meat ver.

ツナと鶏むね肉のごはん

たんぱく質はニャンコの主食。1種類ではなく2～3種類を入れても構いません。

春のごはん

3月～5月
Mar - May

菜の花×牛肉で解毒と滋養強壮を一度に！

春は老廃物を体から出す解毒の季節。
旬の菜の花は解毒効果がある食材。茎の部分には、血液の循環を良くする働きも。これから暑くなっていく季節の前に、牛肉に含まれる鉄分で滋養強壮を！

Recipe

1日分（2食）　3kgの場合　計**185**kcal

肉系　魚系　油あり　油なし

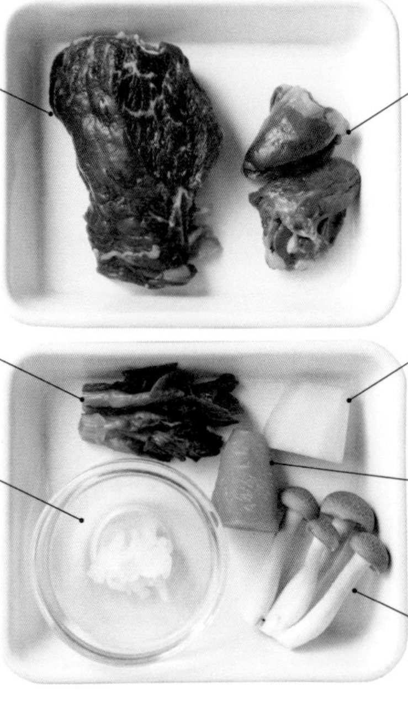

- 牛フィレ肉 90g（120kcal）
- 牛ハツ 25g（36kcal）
- 菜の花 10g（4kcal）
- じゃがいも 10g（8kcal）
- ご飯 5g（9kcal）
- にんじん 15g（6kcal）
- しめじ 10g（2kcal）

Point

A 菜の花は、それ以外の野菜類、ご飯に火が通ったら入れる。

B 牛フィレ肉、ハツは最後に加えると、生臭さが軽減。

疲労回復にも効果がある初がつおを入れて

初がつおは猫の必須アミノ酸であるタウリンが豊富。春＝肝の季節は肝臓に負担がかかり、疲れやすい時期なので、タウリンで肝臓のサポートをしつつ、めかぶ、ひきわり納豆などで腸活も！ オメガ3系の油である亜麻仁油を最後にひとかけ。

Recipe

1日分（2食）　3kgの場合　計**181**kcal

肉系　魚系　油あり　油なし

ひきわり納豆 12.5g（25kcal）

かつお 90g（104kcal）

めかぶ 12.5g（2kcal）

※まずはめかぶを抜いたもので試して、手作り食に慣れてきたら加えてみてください。猫が食べない場合には、入れなくてもOK！

ご飯 5g（9kcal）

えのきたけ 5g（2kcal）

アスパラガス 6g（2kcal）

亜麻仁油 小さじ1（37kcal）

※オリーブオイルで代用可

Point

A えのきたけ、アスパラガス、ご飯を入れて柔らかくなったら、めかぶを加える。（めかぶは加えなくてもOK）

B すぐにひきわり納豆を加え、ひと煮立ちしたら、最後にかつおを細かく刻んだものを加えて煮る。亜麻仁油は冷めてからひとかけする。

夏のごはん

6月〜8月
Jun - Aug

熱で奪われる潤いをプラスする、豚もも肉ごはん

ズッキーニと豚もも肉で、熱で奪われてしまう潤いをプラスしましょう。また、血を補う鶏レバーは少量を入れて。消化を促進し、便通を改善するオクラは、夏の暑い時期に積極的に取り入れたい食材です。食欲不振にも効果的！

Recipe

1日分（2食）　3kgの場合　計**182**kcal

肉系　魚系　油あり　油なし

豚もも肉 85g
（154kcal）

鶏レバー 5g
（6kcal）

亜麻仁油
小さじ 1/4
（10kcal）
※オリーブオイルで代用可

オクラ 1/2 本
（4kcal）

きくらげ（乾燥）
0.3g
（2kcal）
※まずはきくらげを抜いたもので試して、手作り食に慣れてきたら加えてみてください。猫が食べない場合には、入れなくてもOK！

じゃがいも 5g
（4kcal）

ズッキーニ 10g
（2kcal）

Point

A じゃがいもを最初に入れたら、残りの野菜を入れる。その後、きくらげを加える。（きくらげは加えなくてもOK）

B 豚もも肉と鶏レバーを入れ、亜麻仁油は「最後にひとかけ」が原則！

あゆと夏野菜で夏バテ防止を！

消化器の働きを整えてくれるあゆ。体の乾きを補い、食欲も回復させてくれる食材。旬のあゆに加え、夏に積極的に摂りたいのは夏野菜。エネルギーを補い、体力・気力をアップさせるモロヘイヤと栄養価の高いうずらの卵で夏バテ防止を！

Recipe

1日分（2食）　3kgの場合　計**194**kcal

肉系　**魚系**　油あり　**油なし**

Point

A あゆは丸ごと栄養を取り入れたいので、骨が小さくなるように、フードプロセッサーにかけておく。

B 最初にご飯とかぼちゃを入れ、Aと残りの食材を加える。

秋のごはん

9月～11月
Sep - Nov

肺に潤いを与える、豚肉をメインにして

乾燥の季節が始まるので、潤いを与えつつ気を補う豚肉をメインに、まだまだ暑さが残る時期には、体の熱を取る青梗菜やかぶをプラス。精をつける食材として古くから親しまれている長いもや鉄分・カルシウムが豊富なひじきもおすすめです！

Recipe

1日分（2食）　3kgの場合　計190 kcal

肉系　魚系　油あり　油なし

Point

A まずは青梗菜、しいたけ、水で戻したひじきを入れて煮込む。豚もも肉、砂肝は最後に加えると、血生臭さが軽減する。

B 長いも、かぶはすりおろして、最後にトッピングしよう。

秋は「白い食べ物」を与えましょう！

秋は「肺」の季節。空気が乾燥してくるので、鼻や口が乾燥し、肺にダメージを与えてしまいます。肺の栄養は、ずばり「白い食べ物」。潤いを与えてくれるたらは最高の白身魚です。熱を取り除き、潤いを与えてくれるれんこんやりんごも、この季節に与えたい食材です。

Recipe

1日分（2食）　3kgの場合　計**184** kcal

肉系　**魚系**　**油あり**　油なし

たら 110g
(85kcal)
※ほかの白身魚で代用可

うずらの卵（水煮）
2 個
(47kcal)

亜麻仁油
小さじ 1
(37kcal)
※オリーブオイルで代用可

小松菜 5g
(1kcal)

さつまいも 5g
(7kcal)

れんこん 5g
(4kcal)

りんご 5g
(3kcal)

Point

A れんこん、小松菜を入れたら、りんごを加える。

B フードプロセッサーにかけたたらとさつまいもを加える。

C 刻んだうずらの卵を混ぜ合わせ、オイルをひとかけ。

冬のごはん

12月〜2月
Dec - Feb

鶏肉で寒い冬もパワー全開！

脾《ひ》(消化器)と胃にエネルギーを補う鶏もも肉と、血を養い心を補う鶏ハツで寒い冬でもパワー全開に！　にんじんやかぶは胃腸の冷えを整える作用があるので、積極的に取り入れたい食材です。また、かぶは葉、根まで使うことができます。

Recipe

1日分(2食)　3kgの場合　計**182** kcal

肉系　魚系　油あり　油なし

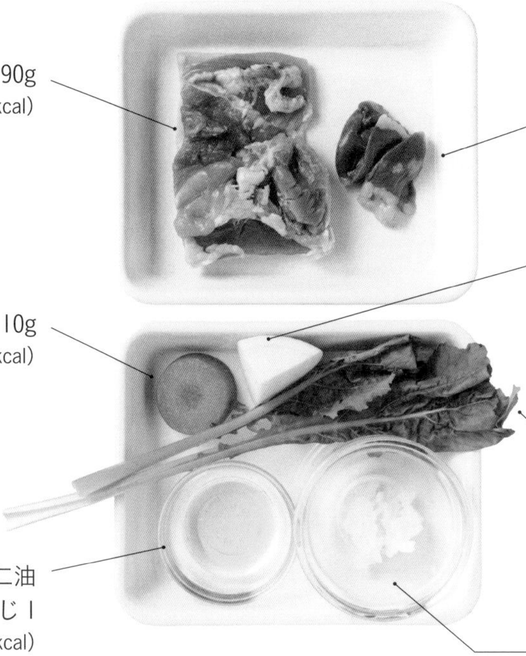

鶏もも肉 90g
(107kcal)

鶏ハツ 10g
(21kcal)

かぶ 10g
(2kcal)

にんじん 10g
(4kcal)

かぶの葉 10g
(2kcal)

亜麻仁油
小さじ1
(37kcal)
※オリーブオイルで代用可

ご飯 5g
(9kcal)

Point

A ご飯、かぶ、にんじんを入れたら、かぶの葉を加える。その後、肉類を加えて、最後に亜麻仁油をかけて。

生鮭と卵で体力UPを図りましょう

ホルモンバランスや老化を司る「腎」の働きが弱くなりやすい冬。生鮭で腎のエネルギーを補いつつ、栄養バランスの良い卵を取り入れて体力UPを図りましょう。とろろ昆布で嗜好性を高めて、しっかり食事をとれるように。パワーを十分に蓄えることに注力を！

Recipe

1日分（2食）　3kgの場合　計**193** kcal

肉系　**魚系**　油あり　**油なし**

Point

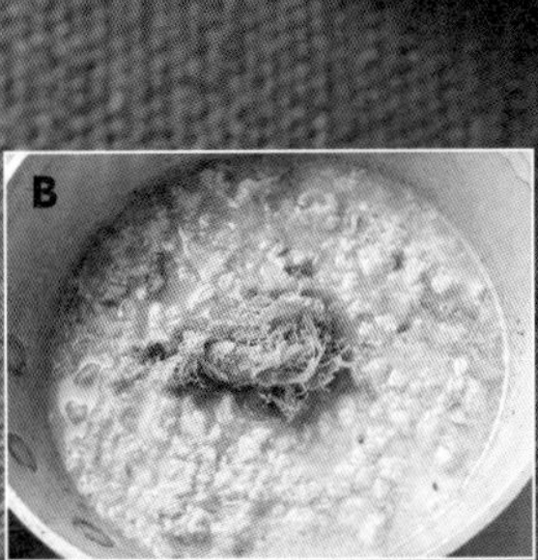

A まいたけ、ブロッコリー、大根、ご飯を入れ、その後、生鮭を加える。卵はといて最後に卵とじ風にしてもいいし、ゆで卵にして混ぜ込んでもいい。

B とろろ昆布をトッピングする。

土用のごはん

梅雨の時期はデトックススープを！

年４回ある土用の中で最もケアしたいのが梅雨。体の水分代謝を整えて、しっかりと水出しができるごはんを与えましょう。土用の時期は消化器に負担がかかりやすいので、デトックスができるスープのようなレシピがおすすめです！

Recipe

1日分（2食）　3kgの場合　計**192** kcal

肉系　魚系　油あり　油なし

Point

A あらかじめ緑豆春雨は細かく刻んでおく。

B しじみに水200mlを入れて、しじみ汁を作る。その後、野菜→緑豆春雨→鶏ひき肉の順で煮込む。

活力UPしたい土用には、あじ＆ゆで卵を！

あじのEPA・DHAで血液サラサラに、きゅうりの利尿作用で体の水の巡りを整え、ゆで卵で活力をUPさせる土用のごはん。梅雨の土用は体内の気（エネルギー）を消耗しやすい時期。体内の水と気の流れを整え、血を働かせてくれるヤングコーンも大切な食養生です！

Recipe

1日分（2食）　3kgの場合　計**182** kcal

肉系　**魚系**　**油あり**　油なし

あじ 100g
(121kcal)

きゅうり 5g
(1kcal)

ヤングコーン
1本
(3kcal)

亜麻仁油
小さじ1杯弱
(28kcal)
※オリーブオイルで代用可

まいたけ 5g
(1kcal)

かぼちゃ 5g
(5kcal)

ゆで卵 15g
(23kcal)

Point

A かぼちゃ、まいたけ、ヤングコーンを入れてから、きゅうりを加え、火を通す。

B あじは、フードプロセッサーにかけて小骨まで細かくしてから加える。最後にゆで卵と亜麻仁油を。

水分摂取量を増やそう！

簡単スープにトライ！

なかなか水を飲まないときは、まず置いてある水が新鮮なものかどうかを確認しましょう。ニャンコはニオイに敏感で、朝に容器に入れた水は昼過ぎには飲まなくなることもしばしば。容器の水は、1日に数回入れ替えて、面倒ですが容器もそのつど洗いましょう。
また、脱水していると、水を飲まない場合があります。水分摂取量が少ないと尿が濃くなり、尿路系の病気の原因となる結石ができやすくなるので気をつけましょう。そんなときこそ、スープを有効活用するのが◎。もちろん、具材を一緒に与えてもOKです。

Point 1 水分補給や熱中症対策に

腎臓病や尿路結石、便秘の予防として水分補給をさせたいときには、スープが効果的。

Point 2 食欲が落ちているときに

食欲が落ちて、いつものドライフードをあまり食べなくなっているときに、スープを添えてあげると、食べることも！

Point 3 病中・病後に

病中や、病後の回復期にある子には、消化のいいものを与えて。食欲も増し、消化も良く、栄養補給にも。

Point 4 幼猫や高齢猫に

ドライフードに慣れていない幼猫や、高齢の猫の食事にも！

How to

鶏手羽元3本に、かぶるくらいの水、純米酢(りんご酢でも代用可)小さじ1～2を入れて1時間ほど煮込む。

※圧力鍋、スロークッカーがあるときはそれで作ると時短に。完成したら冷蔵庫で冷まし、浮いて固まった脂は取り除きます。
※冷蔵保存で3日で使いきりましょう。すぐに使わない分は冷凍保存もできますので、休みのときに作り置きをして、温め直すだけにしておくと便利です。

ニャンコは
水分が大事

バリエーションもいろいろ

P.13でも記載しましたが、ニャンコは水分が大事。
「水を飲まないとき」「食欲が落ちているとき」などは
嗜好性を高めてスープを与えましょう。
作って3日以内に使いきりましょう。

栄養価抜群!

鶏ひき肉のブロス

How to

鶏肉のミンチに、野菜の皮などやローズマリーを鍋に入れ、ひたひたになるくらいの水を入れて、5〜10分程度煮込む。でき上がったら冷まし、一度冷蔵庫に入れて、浮いて固まった脂を取り除く。

昆布が効いた

ベジブロス

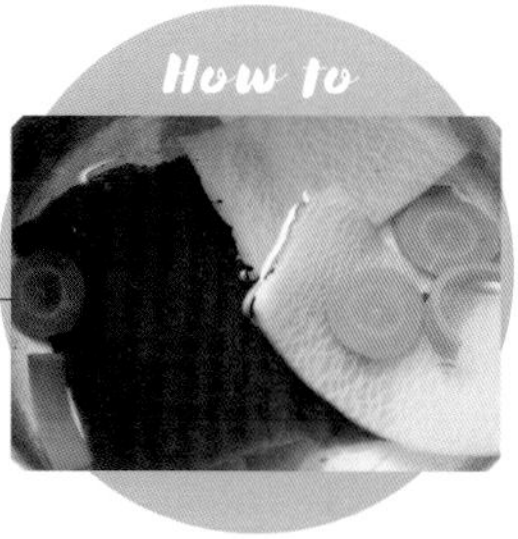

適量の野菜の皮にかぶるくらいの水と昆布1枚を入れて、30分ほど煮込む。ざるでこして完成。

簡単でもおいしい

さばスープ

さばの水煮缶を鍋にあけ、空いたさば缶1～1.5杯分の水を入れて、20分ほど煮込めば完成。

スープが作れないときは、
水にふりかけを
入れて香りづけを。

獣医師がつくる国産・無農薬の薬膳フード。薬膳ふりかけ（30回分）1800円／薬膳百香
yakuzenhyakka.com

いつもの

毎日同じ味だと、ニャンコも飽きる?!

猫ごはんにトッピングを足そう

いつもの猫ごはん(ドライフードでも!)にちょっと足してあげるだけで、簡単に栄養がアップ。また、ニャンコが「おいしい!」と感じれば、食いつきが良くなる可能性があります。

かつお節・粉

新陳代謝を促進し、デトックスにも効果的。香り高い風味も特徴。

桜えび

カルシウムを豊富に含むため、手作り食で不足しがちなカルシウム補給に。

味噌

腸内環境を整えることで免疫が安定しやすくなるほか、デトックス効果も。良質なアミノ酸も豊富。

納豆

血液の流れを整え、血糖値の上昇を抑える効果があります。ダイエットにもおすすめの食材。

うずらのゆで卵

ビタミンB12を豊富に含むため、貧血予防や神経の働きを維持するのに効果的。エネルギーや血液も補います。

亜麻仁油

不足しがちなオメガ3脂肪酸を豊富に含みます。体の酸化防止や便秘解消、アレルギーの緩和にも効果的。

青のり

しこりを柔らかくしたり、水分代謝を整える作用が。ナトリウムが多いため使用量には注意を。

すりごま（白・黒）

血液の流れを整え、便通をよくする働きが。抗酸化作用があるので老化防止にも効果的。

ターメリック

肝臓の機能サポートや抗炎症作用が期待できます。過剰摂取や長期の継続使用には注意。

おから

食物繊維が豊富なので便秘の解消に。低カロリー、低糖質なので、ダイエットにも最適。

はと麦粉

体の余分な水分を排泄する働きがあるので、むくみ対策に。湿度の高い季節に摂りたい。

レバー

鉄分、亜鉛、ビタミンB2が豊富。肝臓に作用する食材。ただし、摂りすぎは禁物です。よく火を通し週に2〜3回程度に。

くこの実（ナス科）

滋養強壮や疲労回復にも効果が。薬膳的には「補腎」で免疫力や自然治癒力を取り戻す効果があります。

大根おろし（アブラナ科）

カリウムが豊富で利尿作用を促進し、体の老廃物を排出させる作用も。酸化しやすいので、与える前にすりおろして。

手作り食に足りない栄養素はサプリメントで

「手作り食では足りない栄養素がある」「老猫の体が気になる」
「腎臓・肝臓に疾患がある」などの場合は、サプリメント摂取がとても有効です。粉末だと食事のトッピングとしてかけられるので便利。
また、骨や筋肉に関わる「カルシウム」、腸内環境を整える「乳酸菌」、代謝を促進する「ビール酵母」、全身の栄養素「アミノ酸」などは知っておくと心強いこと間違いなし！

01

乳酸菌

腸内環境改善から、皮膚アレルギー、免疫調整に！

H&J社独自の乳酸菌「HJ1」を1包に1000億個配合！ 皮膚と体の若返りをサポートします。濃縮タイプだから大型の猫でも1箱(30包入り)で約3ヵ月分。

●乳酸菌エイチジングリーン 動物用30包入り 4544円／H&J ☎0829－37－1623

乳酸菌生成エキスが腸内の菌に働きかけ、善玉菌を育てる猫用サプリ。便利な液体タイプなので、ごはんにかけたり、お水に垂らして、おなかの調子をサポート。

●乳酸菌生成エキス コスモスラクト猫専用 40ml(20ml×2本)2100円／エクセル ☎03－5292－2981

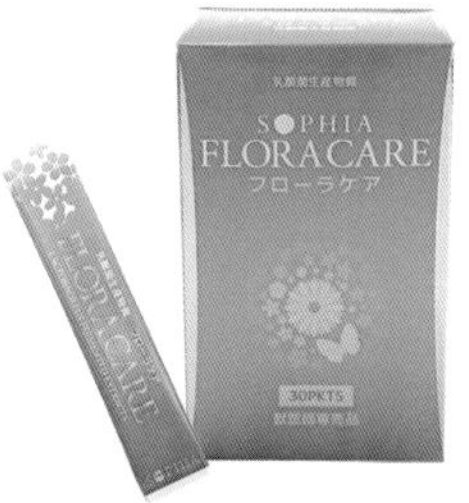

16種の乳酸菌を発酵させ抽出した代謝産物のサプリメント(粉タイプ)。免疫を高めお腹や皮膚を整える猫に必要な268種の栄養素を含有。ごはんや水に混ぜて。

●ソフィア フローラケア 1g×30本 4500円／SOPHIA ☎03－6276－1551

02

カルシウム

骨や筋肉の成長に関わる栄養素

北海道八雲地方で産出されるにしき貝の貝殻化石が主原料。にしき貝が長い年月をかけて風化したこの貝殻化石には炭酸カルシウムが含まれている。

●真空カルシウム粉末（金箔含有）150g 3980円／波動法製造 0120-40-1705

沖縄県与那国島産の風化珊瑚から作った天然ミネラルの粉末。カルシウム・マグネシウムをはじめ74種類のミネラルをバランスよく含む総合ミネラル食品。

●ミネラル73 ハイグレード 100g 6800円／リマの通販 0120-328-515

03

有用微生物発酵飲料

自然な機能バランスを取り戻し、健康維持、免疫強化

有機玄米を主原料とした100％天然素材、完全無添加。強力な抗酸化力を持つ玄米、びわ葉・種、菊を原材料に80種類もの有用微生物群（EM）を使い発酵・熟成抽出している。

●バランスアルファ（プレーン）500ml 4500円／高橋剛商会 0120-76-5812

04

BCAA（必須アミノ酸）

肝臓や腎臓の虚弱、体力の弱った子に！

臓器や皮膚、筋肉、毛、靭帯、軟骨、爪、血液などの材料となるアミノ酸。ホルモンや免疫物質の生成にも欠かせない健康を維持するために必要不可欠な成分、ロイシンを高配合し、不足しがちな必須アミノ酸の補給に。

●アミノファイン 100g 4546円／モノリス☎048-474-0813

05

ビール酵母

肝機能のサポート、代謝機能促進、疲労回復に

人の必須アミノ酸9種類すべてを含有しているだけでなく、ビタミンB群をはじめ、ミネラル、アミノ酸、核酸、食物繊維などの栄養素が詰まった粉末サプリ。

●国産 ビール酵母 犬猫用 100g 500円／アオイアンドコーポレーション ロゴスペットサイト ☎042-321-1172

ニャンコの大好きおやつNo.1

手作りペースト状おやつ

ペースト状のおやつは、
ニャンコの大好物。その子の嗜好性を把握し、
作ってあげましょう。
添加物も入っていないので、安心です。
また、鶏ささ身を他の肉・魚に替えたり、
ミルク系が好きな猫にはやぎミルクや
キャメルミルク（らくだミルク）を、
味が濃いタイプが好きな猫には、
帆立貝柱の水煮缶の汁などを入れて
嗜好性をアップしてもよいでしょう。

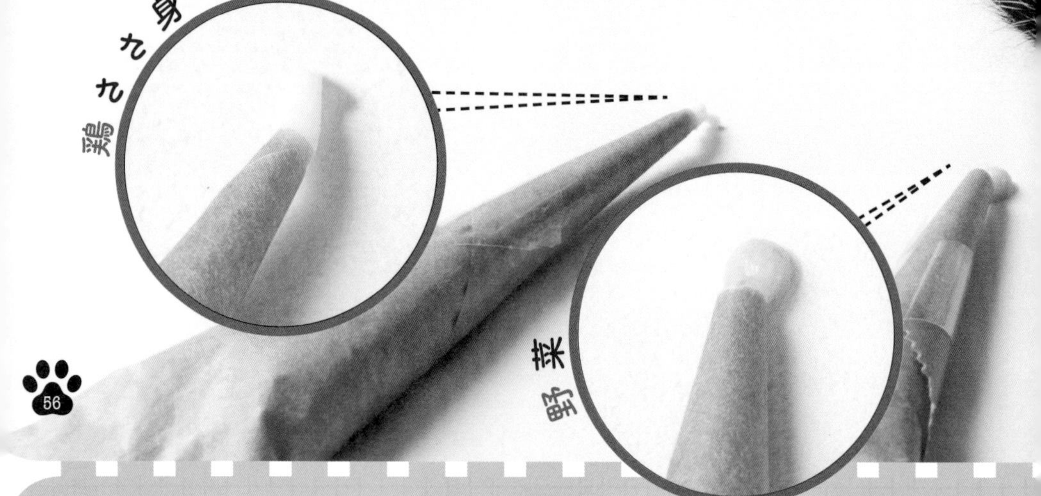

CORNET

コルネのつくり方

1
クッキングシートを四角に切る。

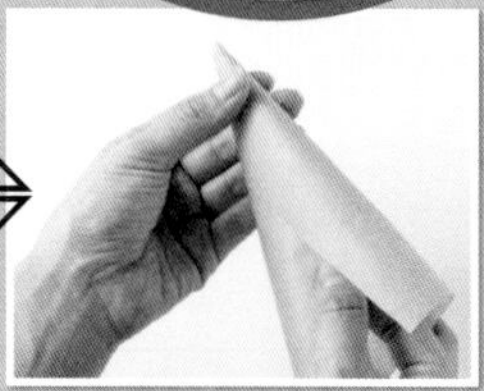

2
クッキングシートをロール状に巻き、テープで留める。

無《む》一《いち》物《もつ》（P.94を参照）

材料

- 鶏ささ身…1本
- オリゴ糖（液体タイプ）…ティースプーン1杯
- 昆布…適量

HOW TO

1 鶏ささ身をゆでて、フライパンかトースターで軽く焼きます。焼くと香ばしさが引き立ちます。（野菜バージョンにする場合は野菜もゆでる）

2 鶏ささ身をほぐし、オリゴ糖を加えて、フードプロセッサーかすり鉢を使ってペースト状に。野菜バージョンの場合は鶏ささ身と一緒にペースト状に。無一物などで代用してもOK。

3 お好みのゆるさになるよう、昆布水（豆乳、やぎミルク、帆立貝柱の水煮缶の汁）を加えます。クッキングシートで作ったコルネに入れて完成。

→ 

3

できたペースト状おやつを詰める。

→ 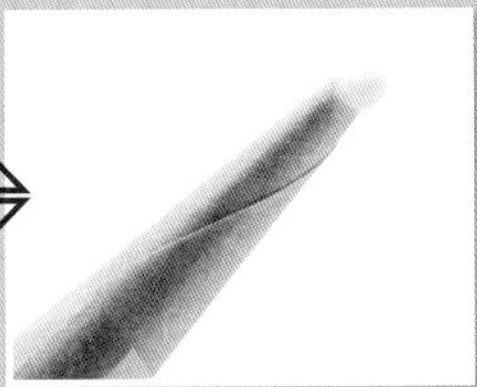

4

ペースト状おやつがきちんと出るか確かめる。出ない場合は先端をハサミで切って出をよくする。

絶対に避けたい食材

ニャンコに与えてはいけない食材を知っておくことはとても大切です。個体差によるところが大きいですが、少量でも中毒を引き起こす場合も。体に害があるとされている食材に関しては、一切、口に入れないようにしたほうが無難です。誤って食べてしまった場合はできるだけ早く吐かせることが大事。食べた量にかかわらず、すぐに動物病院を受診しましょう。

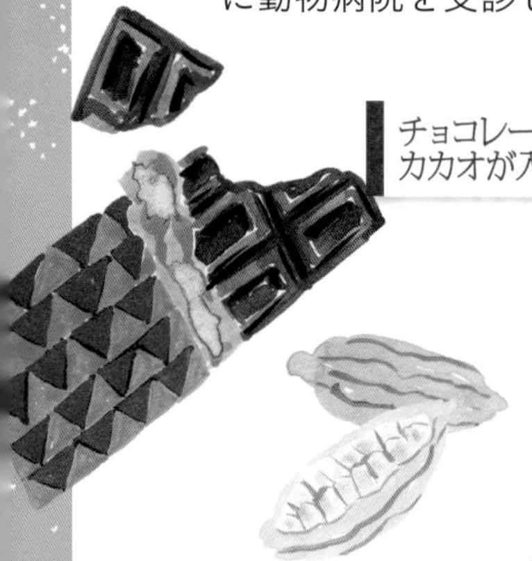

チョコレート、ココアなど カカオが入っているもの

「テオブロミン」という成分によって、嘔吐・下痢・多尿・痙攣を起こします。死に至る場合もあるので注意しましょう。

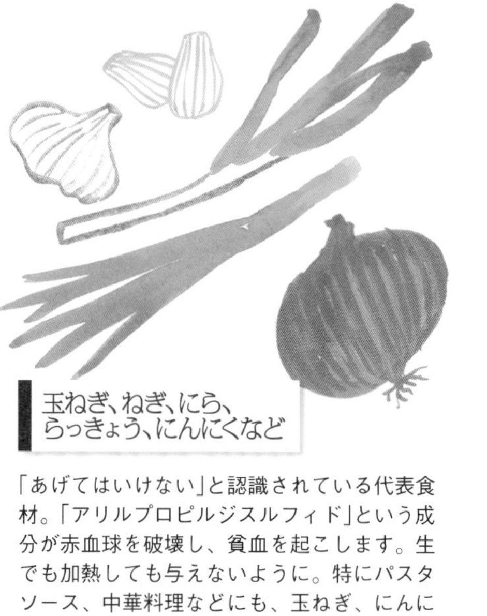

玉ねぎ、ねぎ、にら、らっきょう、にんにくなど

「あげてはいけない」と認識されている代表食材。「アリルプロピルジスルフィド」という成分が赤血球を破壊し、貧血を起こします。生でも加熱しても与えないように。特にパスタソース、中華料理などにも、玉ねぎ、にんにくは使われていますので、注意しましょう。

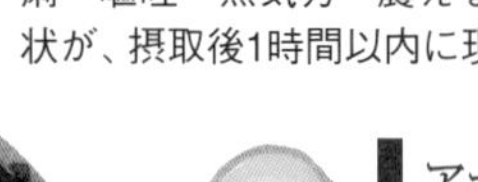

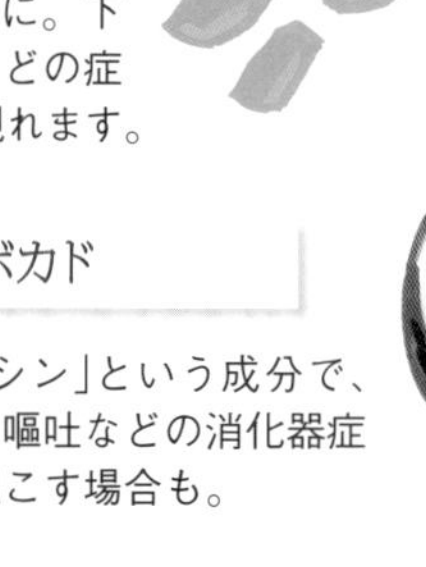

キシリトール

摂取すると急激に低血糖に。下痢・嘔吐・無気力・震えなどの症状が、摂取後1時間以内に現れます。

アボカド

「ペルシン」という成分で、下痢・嘔吐などの消化器症状を起こす場合も。

いちじく

フィカインという成分が口の粘膜を傷つけ、過剰なよだれや炎症、口内炎の原因に。嘔吐や下痢などを起こすことも。

アルコール

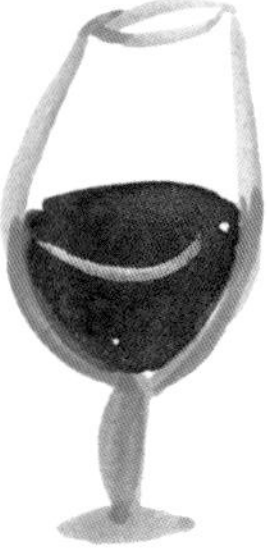

意図的に与える人はいないと思いますが、こぼしてしまったお酒を誤って飲むケースは大いにあります。猫はアセトアルデヒドを分解できないので、脳幹の機能が抑制され、重度の中毒症状を引き起こした結果、命を落とすことも。

ゆりなどの花

特に腎不全や脱水症状、視力障害を引き起こします。少量でも危険で、花を一口かじっただけでもゆり中毒になることがあります。花粉やゆりを生けていた水を舐めるのも危険です。そのほかの花も下痢・嘔吐・脱水症状を起こすことがありますので、部屋に花や観葉植物を飾るのは注意が必要です。

ぶどう、レーズン

中毒のメカニズムは解明されていませんが、少量でも絶対に与えるべきではありません。元気消失・嘔吐・下痢・腹痛・おしっこの量が減る・脱水などの症状が見られます。

生の甲殻類（えび、かに）、貝類、いか、たこ

生の貝類や甲殻類を大量に摂取すると、酵素チアミナーゼ（アノイリナーゼ）がビタミンB1を分解するため、ビタミンB1欠乏症を発症する恐れも。いか・たこなどは消化に悪いため、良い食材とはいえません。

マカダミアナッツ（ナッツ類）

神経症状を引き起こすことがあります。また、脂質が多いため肥満や膵炎になることも。ナッツ類は消化が悪く、下痢・嘔吐・便秘などを引き起こす可能性があるので与えないほうが無難です。

NG!

ドッグフードを与えるのも注意。

中毒性のあるものは含まれていないものの、配合された栄養素は猫にとって最適なものではなく、長期的に与えると消化不良や栄養不足になるので、与えないほうがいいでしょう。

大豆類もおなかの弱い子は火を通しましょう。

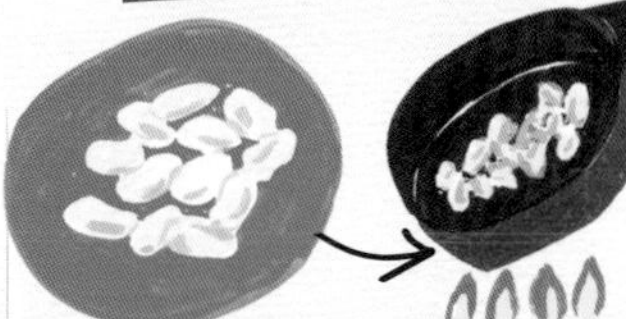

あったら、便利！

猫ごはんのための使える時短家電

とにかく簡単に作れる「長生き猫ごはん」ですが、これがあれば もっと時短＆便利！ 太鼓判の“使える、あれこれ”を教えます。

ハンドブレンダー

つぶす・混ぜる・刻む・砕く・泡立てるがこれ1台で！ アタッチメントを付け替えて、片手で簡単調理。

BRUNO マルチスティックブレンダー（ピンク）6000円／イデアインターナショナル☎03－5446－9530

とても可愛い色！ お料理がもっと楽しくなりそう！

多くの食材が簡単におろせる！ 我が家は魚を丸ごと細かく刻みます

フードプロセッサー

高速、粗びき、低速のほか、粗くおろせる「鬼おろしカッター」も搭載。猫のごちそうが手早く作れる！

パナソニック　フードプロセッサー MK-K81（オープン価格）／パナソニック 0120－878－694

シーラー

お菓子のラッピングや食材の保存に大活躍するシーラー。ペースト状おやつを手作りした際、製菓用の袋に中身を詰めて出口になる部分以外を圧着すれば、猫のおやつ用に使えます。

クリップシーラー Z－1 5556円／cotta 0120－801－505

ペースト状おやつを手作りするのにすごく便利！

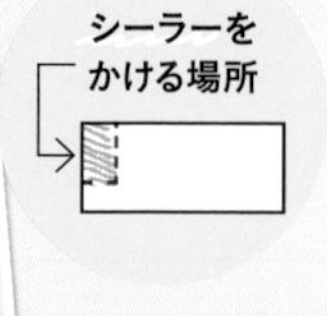

手軽なのに
本格的なジャーキーが
作れます。
ニャンコも大満足!!

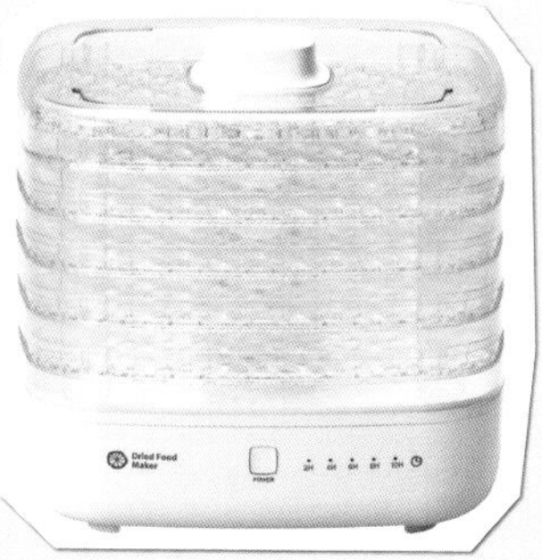

ドライフードメーカー

野菜や肉などを薄く切ってトレイにのせてスイッチオンするだけ。誰でも簡単に無添加でヘルシーな自家製ジャーキーが作れる。

アピックス ドライフードメーカー 9370円(税込み)／アピックスインターナショナル☎03－5816－2270

電気鍋

材料を入れるだけで煮込み料理が簡単に。ガスコンロを使わないから、飼い主の料理と並行して作ることができて効率的。

スロークッカー EP－D819W(オープン価格)／ツインバード 0120－337－455(生産終了品につき、販売は市場在庫のみ)

具材を入れれば、
でき上がり！ ずっと
このスロークッカーに
頼りきりです

毎日使う、水飲み、食事などの容器にも気を使いましょう

容器の材質もプラスチック、ステンレス、陶器などなどさまざまありますが、猫によって好き嫌いがあり、嫌いな容器だと食べない、飲まないこともあります。一概にこれがいいとはいえませんが、猫は清潔好きなので、こまめに洗うこと、水を新鮮なものに替えることを覚えておいてください。

水の中の細菌や、ぬめりの原因菌を99%除去。目には見えない水の純度を数値化して知らせてくれる機能付き。

ペットニア フレスコ ウルトラ FSW020 1万2700円／ジーフォース☎03－6206－0059

ストーンウェア製で重さがあり、食べているときにボウルが動く心配はなし。汚れが落ちやすく、臭いがつきにくいので、ステンレスやアルミ素材が苦手な猫にも◎！

ル・クルーゼ ハイスタンド・ペットボール 3500円／ル・クルーゼ・ジャポン https://www.lecreuset.co.jp

Column
[SAUSAGE]

愛する猫のために
手作りソーセージを作ろう！

材料

- ●豚ひき肉
（牛、鶏のひき肉でも可）…100g
- ●鶏レバー（豚でも可）…50g
- ●卵白…1個分

作り方

1. 材料すべてをフードプロセッサーに入れて混ぜ合わせ、5等分する。フードプロセッサーがない場合には、手で混ぜてもOK。
2. 5等分した生地を、それぞれ広げたラップの上にのせて棒状に伸ばして包む。
3. 沸騰したお湯に2を入れて20分ゆでて完成。

知りたかった疑問
にお答えします!

PART

2

ニャンコの食事・健康Q＆A

Q ドライフードやウェットフードより手作り食のほうがいいですか？

A どちらにも、メリットとデメリットがあります。

よく聞かれることなのですが、「手作り食が良くて、ドライフードやウェットフードが悪い」とはいえません。何より、ニャンコがおいしく食べて、健康であることが大事です。
ドライフードやウェットフードは、なんと言っても手軽で便利で時短！　ニャンコにとっても食事を待つ時間が短く、イライラせずにすみます。また、保存性もあるため経済的です。
一方、手作り食は、猫の食性に合ったバランスを保てることが挙げられますが、必要カロリーを摂ろうとすると量が多めになってしまいます。ですが、生きた栄養素や自然な形での水分補給が可能なので、健康を維持するためにはおすすめです。
すべてを手作り食に替えるのではなく、今、食べているキャットフードにトッピングしてみたり、日替わりにしたり、朝は食べ慣れているキャットフードに、夜は手作り食にというふうにしてもいいでしょう。
あとは何より、飼い主さんの負担にならないこと、ニャンコが幸せに食べられることをまずは優先しましょう。

ドライフードの特徴

- ☑ 1日当たりの価格が安い　☑ 準備が簡単
- ☑ 栄養価が計算されている。ただし、猫の本来の食性（高たんぱく質、低炭水化物）とは逆に、一般的なドライフードでは高炭水化物となっている
- ☑ 総合栄養食なので、キャットフードと水だけでOK
- ☑ 腐りにくい、カビが生えにくい

ウェットフードの特徴

- ☑ 本来の食性に近く、炭水化物を少なく、たんぱく質が確保できる。（魚や肉を加工しただけで、栄養的には不十分なものもある。その場合、一般食や補助食といった表示があるので、総合栄養食と併用すること）
- ☑ 未開封であれば長期保存ができる
- ☑ ドライフードに比べると、価格が高い
- ☑ 開封後の保存に注意が必要（冷蔵保存し、1～2日で使いきる）

手作り食の特徴

- ☑ 旬の食材を取り入れられる（飼い主と同じ食材が食べられる）
- ☑ 水分を食材から摂りやすい
- ☑ 保存はできないが、添加物を避けられる
- ☑ 飼い主の愛情が猫に伝わる
- ☑ 調理に時間がかかる

Q 手作り食を食べない我が子には？

A ニャンコはデリケート。食べてくれたら**ラッキー！**くらいの感覚で

ニャンコの嗜好性を知るうえで大事なのは、フードの匂い＝嗅覚。そして、大きさや舌触り、噛んだときの歯ごたえ＝食感で、最後にフードそのものの味＝味覚になります。
そういう意味でも、とにかくニャンコはデリケート。なので、飼い主さんは「食べてくれたらラッキー」という気持ちでスタートしましょう。
肉食動物である猫は、基本的にたんぱく質（アミノ酸）の含有量の多い食べ物を好み、なかでも「これは食べても大丈夫、自分にとって栄養のあるもの」と判断したもののみを口にし、新奇性恐怖症（新しいもの嫌い）から、新たな食べ物・普段と異なる食べ物を嫌がる習性があるといわれています。
だからこそ、新しい食べ物を与えても、食べないのは当たり前。飼い主さんが意気込みすぎてしまうと、ニャンコ自身が警戒して食べなくなってしまうだけでなく、食べてくれないことで飼い主さん自身のやる気もなくなってしまいます。
そうならないためにも、Hop・Step・Jumpの3段階食事方法を進めることが大事になります。また、初めはトッピング（P.52〜53）を参考に香りづけするのもいいでしょう。与えるときは必ず人肌程度に冷ましてあげましょう。

Q ニャンコは魚と肉、どっちが好きですか？

A 猫は完全な肉食動物です。魚も好きな子と嫌いな子がいます。

猫は完全な肉食動物。でも、よく「猫ちゃんは魚が好き」と思われがちなのは、昔、日本は漁が盛んで、ニャンコのエサは魚の切れ端が多かったから。「ネズミを捕る」という習性からもわかるように、すべての猫が魚を好んで食べているというわけではありません。その子によって肉派、魚派と好みがあります。
そして、生、焼く、ゆでるなどの調理方法や、固さ、大きさ、口あたりなどの形状にも好き嫌いがあります。ぜひ、自宅の我が子が食べられるタイプを見つけてあげてください。時間があるときに、肉と魚を小皿に置いてみて、どっちがお好みか、試してみてはいかがでしょう。

Q 食事のバランスがわかりません！

A たんぱく質豊富な食事を。

犬は雑食よりの肉食動物ですが、猫は完全な肉食動物です。実は穀物や野菜の消化が苦手。動物性たんぱく質が摂取できる肉や魚はニャンコにとって大きなエネルギー源であり、消化もスムーズに行えます。

猫の食事のバランスとしては、全体を10とすると、肉・魚類8〜8.5：野菜類1：穀類・いも類0.5〜1を目安とします(犬の場合は、肉・魚類5：野菜3〜4：穀類・いも類1〜2です)。アスリートのような食事と思ってください。

そして、ニャンコは変化を好みませんので、3段階食事方法(P.18〜19参照)が大事になるのです。少しずつ移行することがポイントです。キャットフードを与える場合でも、鶏肉や豚肉、魚など、動物性たんぱく質が豊富に含まれているタイプを食べさせましょう。とうもろこしや大麦、小麦などを中心にした穀物がかさ増し目的で必要以上に入っている商品もあります。それは、完璧な栄養バランスとはいえないので、気をつけましょう。

手作り食にしたら

Q 下痢になりました。

A **食べすぎ**が原因かもしれません。

下痢になるのは食べすぎの可能性があります。
また、食材が合っていない(アレルギーの可能性)、消化不良、脂肪分過多、水分が多すぎることも考えられます。
下痢で注意すべきは、脱水症状です。
猫用の経口補水液などを利用して、こまめに水分補給をしてあげましょう。また、火の通っていない食材は、寄生虫の感染症も起こりえます。その場合は治療が必要です。
どちらにしても下痢が続くようでしたら、早めに動物病院を受診することをおすすめします。

手作り食にしたら

Q 便秘になりました。

A 水分を摂れる工夫や**食物繊維**を増やして。

便秘をする子は、水分が足りていない場合や食物繊維が足りていない場合があるので、食事の水分量を増やすなど、水分をしっかり摂れる工夫や食物繊維を増やしてみましょう。
また、便の回数が少なかったり、腸の動きが鈍い子、シニアの場合には野菜類(不溶性食物繊維)を。
便秘と下痢をくり返すような子や、ゴロゴロという音が聞こえるのに排便がないタイプの子の場合は、海藻類(水溶性食物繊維)をあげてみてください。

Q うちの子は、6kgあります。レシピの2倍の量をあげればいいですか？

A 6kgの子には**約 322 kcal**が必要です。ただし、ライフステージや運動量によっても変わります。

本書はあくまでカロリーを計算したうえでの目安を記載しました。ただし、その子によって運動量・年齢も異なりますし、消化吸収能力にも差があります。私たち人間もその日の気分で食欲が変わるように、ニャンコだってその日の体調・気分で食欲が異なります。
そのため、この体重ならば、この食事の量！とは決められないのです。
2週間に1回は体重を測って、食事や内容の調整をしましょう。

エネルギー必要量 / 1日

一般的な猫の体重別（目安）

体重(kg)	1kg	2kg	3kg	4kg	5kg	6kg	7kg	8kg	9kg	10kg
必要カロリー	84 kcal	141 kcal	191 kcal	238 kcal	281 kcal	322 kcal	361 kcal	400 kcal	436 kcal	472 kcal
3kgを基準とした場合の割合	0.4	0.7	1.0	1.2	1.5	1.7	1.9	2.0	2.3	2.5

体重で、その子に必要なカロリーは変わってきます。また、避妊・去勢手術を受けているか、成長期・老齢期によってもカロリーは変わってくるので、そのつど計算しましょう。

まずRER（＝安静時エネルギー）を出します

“健康”な動物が常温環境で“安静”にしている時のエネルギー要求量のこと。

【計算の仕方】 電卓に√（ルート）ボタンがあるものを使用してください。

STEP 1 ≫ 体重(kg)を3回かけます

STEP 2 ≫ √（ルート）を2回押します

STEP 3 × 70

次にDER（＝1日当たりのエネルギー要求量）を出します

【計算の仕方】

RER × 係数 ＝ 1日に必要なエネルギー量

避妊・去勢していない成猫	1.4	授乳中	2.0〜6.0
避妊・去勢済みの成猫	1.2		
肥満傾向	1.0	成長期 4カ月未満	3.0
高齢猫	1.1	4〜6カ月	2.5
妊娠中	2.0	7〜12カ月	2.0

Q ニャンコのウンチが変わりましたが、大丈夫？

A 健康のバロメーターになるウンチをよく見て！

ウンチをちゃんと出しているかというのは、健康状態を把握するための大事な指標。食べ物によっては色、形状、ニオイ、量なども変わってきます。 いいウンチとは……。

ウンチの量

食べた量と比例した量が出ていればOKです。肥満猫用のフードの場合、満腹感を与えるためにかさ増し用に大量の食物繊維が混ぜ込んであるので、ウンチが大きく、回数も増えたりします。手作り食によって動物性たんぱく質が増え、炭水化物の量が減ると、便の量も減ります。

ウンチのニオイ

食べ物に応じたニオイがするはずです。手作り食にすると、ニオイは減ります。脂質の量や質によっても大きく変わります。鼻につくニオイだったり、血液や硫黄のニオイがしたら即、動物病院を受診しましょう。

気になる場合は一度、病院で診てもらいましょう。受診の際はできる限りウンチを持っていきましょう。また、腸内環境を維持するために、善玉菌の増殖を促すオリゴ糖を含む食材や乳酸菌などのプロバイオティクスを上手に利用するのもよいでしょう。

普通便を目指したいニャン！

ウンチの形状を知ろう

コロコロ便

硬くてコロコロしたウサギの糞のような便

硬い便

水分含量が少なく、硬い便

普通便

表面がなめらかで柔らかいソーセージ状の便

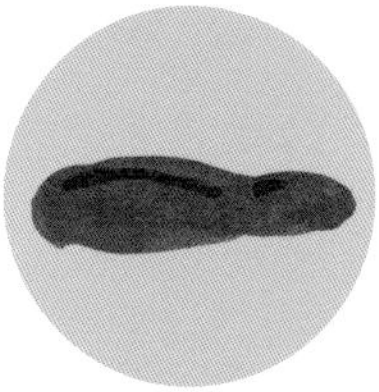

軟便

形はあるがつまむことができない固さの便

泥状便

形を維持することのできない不定形のゆるい便

水様便

水様で固形物を含まない液体状の便

Q 脱水を予防するためには どうすればいいですか？

A 水飲み場の数は飼育頭数×2＋2と心得て。

ニャンコはあまり水を飲まない傾向にあり、のどの渇きを自覚しにくいことから脱水症状を起こしやすい動物です。特に、腎臓の弱い子や肥満の子は、体内に水分をためておくことが苦手なので、症状を引き起こしやすくなります。水分不足は脱水症状だけでなく、腎臓などの病気にもかかりやすくなるため、水のことは、最も気にかけてあげましょう。
水飲み場の数は、飼育頭数×2＋2が理想です。

⇓

脱水させないコツとして、ニャンコが好んで飲める環境などを作ることが大事です。

容器の材質	ご自宅の猫がステンレス、ガラス製、陶器、自動給水器などどの器が好きなのかを見つけてあげるのがポイント。また、器に入った水よりも、蛇口から流れる水やお風呂場の水（ぬるい水）を好む子もいます。
水をこまめに替える	長時間放置された水を好まない猫は多いです。衛生面からも、水は1日のうちに何度か取り替えて、容器もきれいに洗い、新鮮な水が常に飲めるようにしておきましょう。仕事などで日中に水を替えることが難しい場合は、自動給水器が便利。ろ過機能のついた給水器を使うと、いつでもきれいな水が供給できます。定期的な掃除も忘れずに！
水の工夫	カルキの臭いが苦手な猫もいます。その場合は猫用ミネラルウォーターなどに替えてみてもよいでしょう。どうしても水自体を飲んでくれない子は、少し味をつけた水（だし汁を入れたりしたもの）を置いてあげるのもおすすめです。

脱水チェックポイント

ニャンコが脱水症状を起こしているかどうかは、病院の血液検査でわかりますが、簡単に飼い主さんができるチェック方法としては、皮膚をつまむ方法が知られています。

Point!

背中や肩甲骨の間など、皮膚の引っぱりやすい部分をつまみ、次にそっと離すと、元に戻るまでに3秒以上かかる場合は脱水状態です。

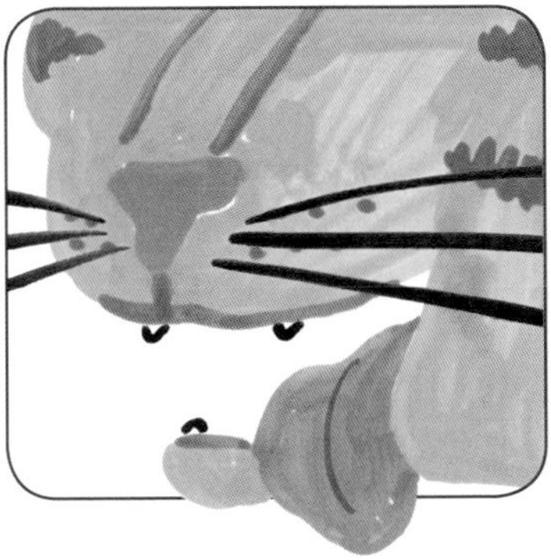

Point!

舌表面に光沢がなく、色もいつものピンクとは異なり、赤や紫色に。口臭がいつもよりキツイ、歯茎が乾燥気味で粘り気を持っているのは唾液の分泌が少なくなっている証拠。

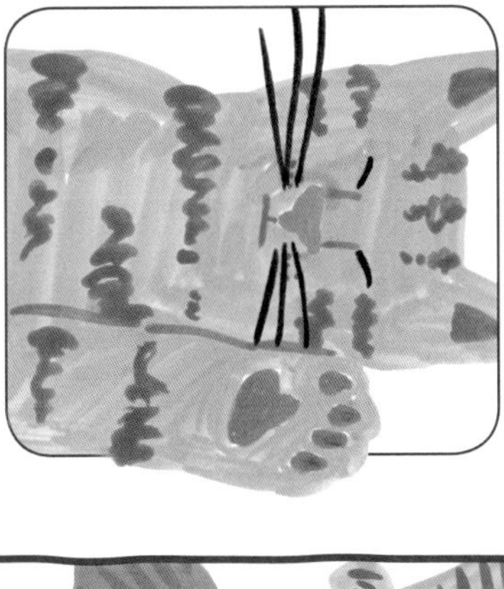

Point!

肉球がカサカサで、ハリがないのも脱水のサイン。元気なときの肉球の状態を覚えておきましょう。

Q 消化を促進する よい方法はありますか？

A マッサージをしてあげましょう。

自然治癒力を高めるのが、ニャンコへのマッサージ。全身の経絡を刺激すると、「気」「血」「水」の巡りが良くなり全身が活発化し、免疫力アップや消化を促します。嫌がったら、最初は短時間から始めて習慣にするのが理想。少しずつ猫との距離を縮めるように行いましょう。食後は30分以上空けてから行ってあげてください。

特に四肢には、免疫力をアップさせるツボがいくつも存在します。猫が「気持ちいい」と思う程度でなでたり、押したりしてあげてください。また、前足の付け根や肩甲骨まわりは疲労がたまりやすい部分なので、念入りにマッサージしてあげましょう。ただ、飼い主さんが忙しいときに無理にやっても、ニャンコは心地よさを感じることができません。様子がおかしいとき、治癒していない傷があるとき、妊娠中などは避けましょう。

MASSAGE 1

頭からしっぽに向かって、背骨のラインに沿って数回優しくなでます。背骨の両脇には多数のツボがあるので刺激してあげましょう。

MASSAGE 2

眉間中心部にある「印堂《いんどう》」と頭頂部にある「百会《ひゃくえ》」にはリラックス効果が。リンパ節がある下あごに沿ってなでてあげるのもおすすめ。毛の流れに沿ってなでてあげて！

MASSAGE 3

後肢の足裏、いちばん大きな肉球の中央にある「湧泉《ゆうせん》」からつま先に向かって指圧をしましょう。

Column

高齢猫は温灸を喜ぶ?!

お灸をしてあげると、体が温まりますし、腰のあたりや、腎臓の調子も良くなります。場所は背中側の肺から下を温めます。特に腰のあたりや骨盤を温めると喜んでくれますよ。寒い時期、高齢の猫ちゃんなら、おとなしくしてくれるはずです。小豆カイロなどでも代用可。

Q 季節のごはん（P.28 ～ 47）に一部、オイルが使用されているのはなぜ？

A オイルはニャンコにとって立派な**エネルギー源！**

P.14でも述べたように、ニャンコの栄養バランスは、肉・魚（たんぱく質・脂質）が8～8.5割、野菜が1割、穀類＆いも類が0.5～1割程度です。ワンコと違って炭水化物の摂取量が少ないので、カロリー源としてオイルは使えます。
なかでもおすすめは亜麻仁油やオリーブオイル。どちらもレクチンフリーのため、アレルギーが起こりにくい油です。
亜麻仁油は植物油の中でも最もα-リノレン酸を多く含むオイル。ただし、炎症の軽減に役立つためには体内でEPAやDHAに変換される必要があります。膵炎や肥満の原因にもなるので与えすぎないこと、また熱に弱いため、仕上げにひとかけ利用すること、酸化しやすいので注意することを忘れずに。 オリーブオイルは、オメガ3・オメガ6だけでなく、悪玉コレステロールを減らし善玉コレステロールを増やすオメガ9や、抗酸化力の強いポリフェノールも含まれています。そのほか、直接EPAやDHAが摂れるクリルオイルも今、注目されています。

オイルは立派なエネルギー源！
ほかにこんな大切な働きがあります。

- 脂溶性ビタミン（A・D・E・K）の吸収
- 細胞膜や血液の成分となる
- 体温を調節する
- ホルモンを作る
- 内臓を守る

Q 愛猫は15歳。今から始めても大丈夫？

A トッピングからスタートしましょう。

突然、食事の内容を切り替えてしまうと、ニャンコの体の負担になります。食べやすい大きさにカットしたトッピングからスタートしてみたらどうでしょうか。咀嚼力が落ちた老猫の場合は、スープ(P.48〜)などもおすすめです。
手作り食のメリットは新鮮な材料を使えること、老猫の体調に合わせた食材や栄養素を選択でき、肥満防止のカロリー調整もできることです。
まずはその子の食欲などの状態や、体重の増減、排便の様子、血液検査の変動などを見ながら、その子に合った食事を取り入れてあげてみてください。

Q うちの子が授乳中です。手作り食はどうすればいいですか？

A この時期だけは高たんぱく質・ハイカロリーでいいのです。

妊娠40日目くらいから授乳期は、お母さん猫の食事量は一気に増大します。
しかし、妊娠中は少しずつ胃が圧迫されるため、何度かに分けて与え、十分な栄養が摂取できるような配慮が必要です。なぜなら、猫の赤ちゃんたちは、生まれてからたった１週間で２倍の体重に成長し、その成長を支えるのが「母乳」だからです。そのため、とても大量カロリーが必要とされるのです。
授乳期もお乳を作るための栄養を摂るのはおわかりかと思いますが、そのときにお母さん猫が食べる量は通常の成猫の２～３倍以上！　とにかく高たんぱく質・高カロリーの手作り食にしましょう。授乳後は必要な栄養をきちんと与えながら、元の食事に徐々に戻してください。

Q 自分に手作り食ができるかどうかわかりません。

A 「特別」と考えず、**一緒のメニュー**を楽しんでは？

手作り食は決して特別なものではありません。使っている食材は、近所のスーパーで簡単に手に入るものばかりです。ポイントは、「旬」の食材を選ぶこと。その時々で採れるものが、最も栄養価が高いものです。これは人間と同じで、私たちが食べる旬の食材は、新鮮で栄養価の高いものです。

メニューも、ニャンコが食べてはいけないもの以外は、人間とほとんど一緒で大丈夫。よく、フードで悩まれている方には、「我が子をスーパーアスリートにする感覚で」とお伝えしています。たんぱく質はたっぷり、野菜や炭水化物は少なめ（とはいえ、炭水化物も必要な栄養素ですので、ゼロにはしないように！）――それがニャンコにとっては理想的だと思います。

ただし、飼い主用の味は猫には濃すぎるので、味つけする前に愛猫の分は取り分けておきましょう。でも、見た目は同じ。一層、猫ちゃんとの愛情が強まっていくと思います。

Q 手作り食を与えていれば、ほかは何もあげなくていいですか？

A 手作り食では**ミネラル類**が不足しがち。

手作り食は、唯一ミネラル類が不足しがちです。
最低でも週2～3回は、レバーやハツなどの内臓系、カルシウム補給のためのパウダーなどを使ってください。
魚の場合には、圧力鍋などを使ってすべて柔らかくしてから与えてもよいですし、フードプロセッサーなどで内臓・骨ごとミンチにして与えるのもおすすめです。

猫の必須ミネラルは12種類

主要必須ミネラル

1日の必要摂取量が100mg以上のもの

- **カルシウム**
- **リン**
- **カリウム**
- **ナトリウム**
- **マグネシウム**
- **塩化物**

微量必須ミネラル

1日の必要摂取量が100mg以下のもの

- **鉄**
- **銅**
- **マンガン**
- **亜鉛**
- **ヨウ素**
- **セレン**

生のレバーには寄生虫や細菌がついている可能性が非常に高いので、レバーを与えるときには、必ず火を通して食べさせましょう。

Q うちは3匹ニャンコがいます。1匹は手作り食をよく食べて、2匹は食べません。

A **食べる部屋を別々**にするなど工夫が必要です。

手作り食をよく食べている子が完食した後に、食べない子の分を食べてしまうと肥満の原因にもなります。それぞれの猫に必要なカロリー、栄養素は違います。

まずは、食べなかった子の残りを食べないようにしましょう。

食べる部屋
を別々にする

間仕切り
を置いてみる

1匹をケージ
で食べさせる

食べない子の場合には、いつも食べている食事と手作り食を別々の皿に用意し、手作り食のほうに好みのウェットフードやおやつをトッピングするなどして、少しずつ食べてくれるように慣らしていきましょう。また、置き餌をすると、手作り食を食べる猫が太る可能性が高くなります。しかも放置しておくとキャットフードの酸化が進むので、夏なら1時間、それ以外の季節でも2時間たったら、残っていても捨てるようにしましょう。

Q あまり食べないのに太っていく理由は？

A **運動不足**や**基礎代謝の低下**などが考えられます。

食事量が多い以外に、人間と同じように運動不足、加齢による基礎代謝の低下、（避妊・去勢手術による）ホルモンバランスの変化が考えられます。
特に置き餌をしていると、1日にどのくらい食べたのかがわかりにくいものです。
まずは摂取エネルギーを減らしていくことが重要なので、食事の量自体を減らしてみましょう。
食事内容としては、脂質が少なくたんぱく質が多いもの（例えば、鶏のささ身や白身魚など）を使うこと、炭水化物は極力量を減らしていきましょう。
ドカ食いや早食いしてしまう子の場合には、早食いができないような食器に替えるのもおすすめです。また、水分を多く含む食事や、とろみをつけた食事やおからを使えば満腹感も出やすくなります。

おからは与えすぎると食物繊維過多で頑固な便秘になってしまうこともあります。便の硬さを見ながら量を調節してあげてください。

愛情たっぷり!

— PART 3 —

愛猫のための手作りごはん体験記

CASE 1

一度、手作り食を経験し、挫折！ どうやってあげればいいの？

消化不良を起こしやすい王子と、ぽっちゃりの姫。張りきって手作り食を作り、一度心が折れた経験があります。2匹とも筋肉のついたボディを目指したいです。何をどうやって与えればいいのでしょうか？

王子

DATA

- 体重 ▶ 王子（4.8kg）、姫（5.9kg）
- 年齢 ▶ 2匹とも5歳
- 性別 ▶ 王子（オス）、姫（メス）
- BCS ▶ 王子（3）、姫（4）

※BCSはP.108を参照。

姫

林先生のアドバイス

王子くんは消化不良を起こしやすいとのこと。例えば煮干しが好きということなので、大根おろしやかぶおろしに煮干しの粉末を混ぜ合わせたり、煮干しのだし汁と混ぜて寒天で固めてあげてみては？　ぽっちゃりの姫ちゃんにはダイエットメニューを取り入れましょう。今、食べているフードに肉や魚のトッピングから始めてみましょう。肉・魚も脂身の少ないところや湯がいて脂質を落としたものなら、なお良し。野菜なども細かく刻んだものを耳かき1～2杯程度トッピングするところから、焦らず根気よく取り組みましょう。
また、たんぱく質をしっかり摂取することで、初期は筋肉によって体重増加が見られると思いますが、筋肉がついてきて脂肪の燃焼が始まることで引き締まった体が作られると考えられます。

Advice

1

姫　たらのグリル焼きは大好きでペロリ♡　魚のお好みリストを作ったところ、好き嫌いが把握できました。

2

王子　煮干しと大根のジュレ。ゼリー状は食べてくれなかったので、寒天の量を減らしたところ完食。姫は一口も食べませんでした。

3

まぐろを人間は刺し身でいただき、猫２匹には軽く湯がいてドライフードの上にトッピング。すごい勢いで食べていました。

from 飼い主 ▸▸ 1カ月やってみて……

アドバイスをいただき、シンプルなトッピングで始めました。気候の変化でバテ気味だった王子は食欲がUPして、より筋肉がつき引き締まったカッコイイ体に！　ぽっちゃり体型の姫は、手作り食に満足感があるようでドライフードを欲しがる回数が減っています！　焦らず、野菜も食べてもらえるように続けていきたいです。

CASE 2

尿路結石の経験あり。食事療法で克服したい！

以前、尿路結石になったので、猫の下部尿路用〈1歳以上〉のドライ＆ウェットフードをメインに与えてます。食欲が旺盛で、ごはんをあげてもさらに要求してきます。水もウェットを少し混ぜるだけで飲みきってしまう感じです。

DATA

- 体重 ▶ 福（5kg）
- 年齢 ▶ 5歳4カ月
- 性別 ▶ オス
- BCS ▶ 4

※BCSはP.108を参照。

林先生のアドバイス

結石の子で取り入れたい栄養素として、EPA・DHA、粘膜保護成分、利水作用がある食材が挙げられます。EPA・DHAは魚に多く含まれるので、旬の魚を積極的に与えてみましょう。粘膜保護には納豆やオクラ、れんこんなど、利水作用にはきゅうりや冬瓜などを使ってみましょう。初めて食べる食材は受け付けないこともあるので、最初はそれぞれの具材を別皿に用意してあげると、好みがわかると思います。具材の大きさでも食いつきが変わるので、最初は試行が必要ですが、無理のない範囲で取り入れてみてください。
好みの食材がわかったら、それらを一緒に煮て、水分多めのスープごはんにチャレンジしてみましょう。

Advice

1

いろんな具材を用意。野菜は何が好みか、焼くのか煮るのかなど試してみました。

2

今日は福が好きなさつまいも、大根の葉をメインに猫ごはんをあげました。

3

大好物のさつまいも、大根の葉を中心に。福はパクパクと食べていました。

from 飼い主 ▸▸ 1カ月やってみて……

野菜の蒸し加減によって、福の食いつきが違いました。生よりしっかりと蒸したものを食べてくれました。私は料理が苦手なので、友人の調理師のアドバイスを聞いて調理しましたが、福のごはんと一緒に自分のごはんも同じ食材で作ったり、時間がない中でもできるレシピを教えてもらいながら、楽しく作れました。

CASE 3

生後４カ月まで野良猫だった３匹。警戒心が強くて、この先、心配……

もともと、生後４カ月まで野良猫だった３匹。外で暮らしていたこともあり、警戒心が強く、わさびとクロタンは最近はなでたりすることができるようになってきましたが、ジェニはいまだに近づいてきません。食欲はある子たち。この先、どうやってコミュニケーションを取ろうか、やや不安です。

DATA

- 体重 ▶ わさび（4.9kg）、クロタン（4kg）、ジェニ（見た目3kg弱）
- 年齢 ▶ すべて１歳
- 性別 ▶ わさび（オス）、クロタン（メス）、ジェニ（メス）
- BCS ▶ すべて３

※BCSはP.108を参照。

林先生のアドバイス

野良ちゃん出身であることや、ジェニちゃんがまだ飼い主さんになれていないとのことなので、猫の好みや、人との距離感が近い位置で与えられる“手作りのペースト状おやつ”を試していただき、少しずつ距離感を縮めていってはどうでしょうか。手から与えるのが難しい場合には、小皿にペーストを入れてみて、「これはおいしいものだ」という認識を与えて、次に手から与える……と段階を踏んでトライしてみてください。猫はとてもデリケートなので、焦って距離を縮めようとすると、また振り出しに戻ってしまうことも。根気よく与えてみてくださいね！

Advice

1

水に昆布と鶏ささ身を入れ、沸騰したら弱火にして2分ほど煮て、そのまま冷まし、ハンドミキサーにかけました。

2

ペースト状のおやつに3匹とも群がります。なかなか近づいてこないジェニも大満足の様子。

3

コルネを作ってみました。すごい食いつきようで、びっくりしてしまいました！

from 飼い主 ▸▸ 1カ月やってみて……

猫を家族にして20年。この3匹と暮らして半年以上になります。正直、なぜ今まで手作り食にしなかったのかと後悔しています。安全・安心、簡単でしかも猫たちもおいしい♪　さらにコミュニケーションもとれる。まだまだ臆病でなかなか近づいてこないジェニも大満足でした！　もっとちゃんと勉強したいと思いました。

CASE 4

8匹の猫たち。ストラバイト既往歴など、重症ではないけれど疾患を持っている子もいます

フードやトッピング、おやつなどは
添加物が少ない、ヒューマングレードの
ものを与えています。
野菜が少し足りていないように
思っていますが、何をどう取り入れれば
いいか迷います……。

キラリ
2歳
チンチラ
2.4kg

ミミィ
1歳
スコティッシュ
5kg

ポピィ
1歳
ブリティッシュ
ショートヘア、3.4kg

トラミー
2歳
マンチカン
4.0kg

タヌ
12歳
チンチラ
4.7kg

アミィ
1歳
マンチカン
2.2kg

ハニィ
1歳
チンチラ
3.8kg

ジェリィ
1歳
マンチカン
4.5kg

林先生のアドバイス

ストラバイト既往歴の子や、多発性嚢胞腎《のうほうじん》を患っている子がいますが、まだ症状も出ておらず、薬の服用などもないとのこと。
すでに生肉・生魚を取り入れている子に関しては、そこに少しずつオイルやお野菜などを加えて、手作り食に慣らしていきましょう。生肉が苦手な子は、まずはウェットフードなど水分が多い食事に慣れてもらいましょう。

Advice

1

大好きな生ほっけミンチと生鶏ミンチに、ゆでて刻んだブロッコリーを入れてみました。まずはなんでも食べてくれるミミィちゃんが、少量のブロッコリーに挑戦。問題なくパクリ。

2

魚のパウチ2種にブロッコリー、クリルオイルを追加したものは、ほとんどの子が完食！　タヌちゃん、アミィちゃん、ポピィちゃんは一口だけ食べてくれました。

from飼い主 ▸▸ 1カ月やってみて……

野菜を入れるのは初めてだったので、食べてくれるかどうか不安でした。あまり味に癖のないブロッコリーを少量から試してみたら、予想外にみんな食べてくれました。普段、サプリメントなども与えていますが、これからは野菜もいろいろな種類を試してみて、さらに健康維持に気をつけていきたいと思います。

Column
[FOOD]

身近で買える！安心おやつ

猫たちとの関係性が近くなるおやつ。でも、あげるならば、
安心・安全なものを選びたい。
猫が喜ぶこと間違いなしの、「安心おやつ」を厳選！

北海道産 ホッケペースト

食べ応えのある粗めのペースト。無添加、保存料不使用。キャットフードと一緒に与えるか、手作り食の一品目として与えてください。150g 650円／ノースフリート☎011－595－8168

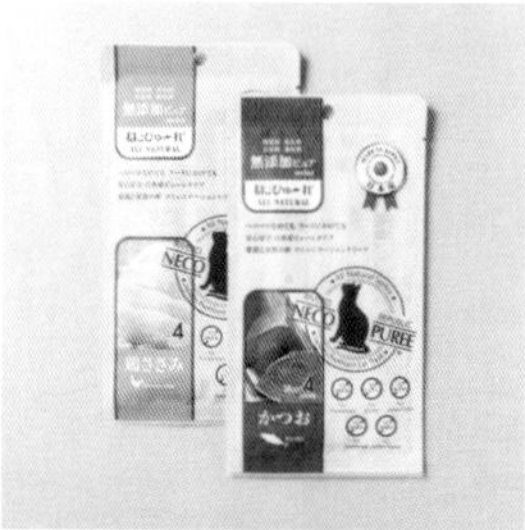

ねこぴゅーれ 無添加ピュア
（かつお、鶏ささみ）

原材料と米粉のみでできた無添加ぴゅーれおやつ。ペロペロなめさせても、フードにかけてもOK。各13g×4本 各240円（参考価格）／リバードリパブリック0120－532－102

Cocobon
ココボン

オーガニックレストランで使用される高品質の平飼い飼育のチキンを丁寧に調理。塩分不使用のチキンペースト。15g×10包 1200円／アマナグレイス☎03－6280－4101

無《む》一物《いちもつ》パウチ
（まぐろ、鶏むね肉）

食材本来の旨みをたっぷり味わえるよう、それぞれの素材と天然水だけで作ったキャットフード。まぐろ50g、鶏むね肉40g 各130円（参考小売価格）／はごろもフーズ0120－123940

※「無一物」は、はごろもフーズ株式会社の登録商標です。

フリーズドライの ササミ猫用

特殊製法で生のままの味、香り、栄養を閉じ込めたおやつ。ハサミで細かく切ってフードのトッピングにしても重宝。30g 600円／ママクック☎043－304－2313

にゃめろう
（かつお）

かつおに米粉を少し加えてペースト状にしたおやつ。トッピングにはもちろん、投薬補助や水分補給にも！ 10g×10本 440円／DCイノベーション☎086－230－3245

たまには一緒に
……♪

— PART 4 —

ニャンコと私の
おすそわけレシピ

水炊き鍋

鶏肉の旨みがきいて、
ニャンコも飼い主も大満足！

鶏肉などのだし汁で具材を煮るおいしい鍋。もちろん、昆布やかつお節などのだしを使ってもOK！ 体の芯から温まります。ニャンコに与える場合は冷ましてからあげましょう。

Recipe

1人＋ 1匹 30分

鶏もも肉	150g
水菜	1束
にんじん	1/4本
しめじ	1/4袋
白菜	1枚
豆腐	1/4丁
だし汁	適量

How to

1 具材を鍋に入れ、煮込みます。水菜は火が通りやすいため、最後に入れましょう。

2 ニャンコ分を取り出し、細かく刻みます。飼い主はポン酢しょうゆやごまだれで食べます。

Attention!

このPART.4「おすそわけレシピ」は、ニャンコとのコミュニケーションを図るもので、あくまで“たまに”のごはんです。毎日では栄養が足りなくなりますので、くれぐれもご注意ください。

手まり寿司

見た目も華やか。
ニャンコの好みの魚を使って!

彩りも華やかな手まり寿司。ラップで好きな具材を包んで丸めるだけ！　手も汚れないし気軽にできるので、ニャンコの好物で作ってみては？　飼い主さん用にはすし飯で作ってもOK。ニャンコにすし飯を与えても構いません。

約20個分

1人＋🐈1匹　20分

Recipe

まぐろ（刺し身用）	2切れ
サーモン（刺し身用）	2切れ
鯛	2切れ
卵	1個
とろろ昆布	適量
ご飯	2碗
カリフラワー	小2房
白すりごま	適量

How to

1 カリフラワーはゆでた後、細かく刻んでご飯、白すりごまと混ぜます。

2 ❶を取り、ラップで、一口大に丸めます。

3 錦糸卵を作ります。

4 ❷の上に刺し身用の各切り身をのせ、再度丸めます。とろろ昆布・錦糸卵は手まり寿司にまぶします。ニャンコ用は刺し身の上ににぎったご飯をのせます。

まぐろで作る たこ焼き風

外はカリッと、中はトロトロの生地の中にまぐろが！

通常、小麦粉の生地の中にたこと薬味を入れますが、ニャンコに食べさせるのなら、まぐろなどの魚にしましょう。また、アツアツなのでそのまま与えず、崩して、冷ましてからあげることを忘れずに。

Recipe

1人＋🐈1匹　15分

まぐろ	適量
卵	小1個
長いも	80g
キャベツ	1/8個
米粉	60g
赤パプリカ	1/4個
豆乳ヨーグルト	適量
かつお節	適量
青のり	適量
水	100ml

How to

1 まぐろを一口大に切ります。キャベツ、赤パプリカはみじん切りに。

2 長いもをすりおろし、米粉と卵と水を入れて混ぜます。

3 たこ焼き器に❷を流し入れ、❶を加えて焼きます。

4 焼き上がったら、豆乳ヨーグルト、かつお節、青のりをかけて完成。ニャンコの分を1～2個を取って、飼い主用はソースをかけましょう。

ロコモコ丼

飼い主用にはソースをかけて。
ハワイの風を感じよう！

ご飯の上にハンバーグと目玉焼きをのせてソースをかけた、ハワイのソウルフード。フライパンひとつでハワイ発のどんぶりが完成するのもうれしい！

Recipe

1人＋1匹　30分

豚ひき肉……………………200g
パン粉……………大さじ1
豆乳………………大さじ1
卵 ………………………1 個
うずらの卵（生）………3 個
キャベツ（せん切り）…適量
ご飯 ……………………1 碗
ミニトマト（湯むきする）
　……………………2 個

How to

1 パン粉に豆乳を入れて浸しておきます。

2 ❶と豚ひき肉、卵を手で混ぜて、小判形に成形します。

3 ❷にしっかり火が通るまで焼きます。

4 うずらの卵で目玉焼きを作ります。

5 ご飯の上にせん切りのキャベツをのせ、その上に❸と❹をのせ、ミニトマトを添えて完成。

まぐろカツ風

肉厚でサクサク＆
中はレアが旨い！

外はサクッ、中はレア。肉よりも柔らか！　揚げないので、ヘルシー。ダイエット中のニャンコにもおすすめです。刺し身用のまぐろを使えば、生焼けでも心配無用です。

Recipe

1人＋1匹　20分

まぐろ（刺し身用）……200g
パン粉……………………適量
キャベツ（せん切り）…適量
ミニトマト（湯むきする）
…………………………2個
豆乳ヨーグルト………適量

How to

1 パン粉はフライパンでから煎りして色づけします。

2 まぐろの表面を軽く焼いて、香ばしさを出します。

3 ❷の表面に豆乳ヨーグルトを薄く塗り、煎ったパン粉をつけてカツ風に。

4 せん切りのキャベツとミニトマトを添えて完成。

ロールキャベツ

キャベツの甘さと
合いびき肉の旨みが
にじみ出る

フライパンで煮込む本格ロールキャベツ。形が崩れないように、キャベツで肉をしっかり巻きましょう。冷凍保存もできるので、時間のあるときに多めに作っておいても◎。

Recipe

1人＋1匹　45分

合いびき肉……………200g
キャベツ……外側の葉４枚
パン粉……………大さじ１
卵 ……………………1/2 個
無塩トマトジュース…400ml

How to

1 キャベツの葉をゆでます。

2 合いびき肉、パン粉、卵を手で混ぜます。

3 ❷を４等分し、❶のキャベツで包みます。

4 鍋に❸とトマトジュースを入れて20分ほど煮込みます。ニャンコ用に1個取り分けたら、残りは飼い主用にコンソメなどを加えて、再度煮込みます。

Check 1

愛猫の適正体型を把握しよう！

ニャンコの体を見たり触ったりしてその体型を５段階で評価する方法をBCS（ボディ・コンディション・スコア）といいます。ポイントは、肋骨と腰です。猫種や体格によって若干の違いはありますが、５段階評価の場合「スコア３」の理想的な体型を目指してコントロールしましょう。

［ 体型CHECKリスト ］

- ☑ 横から見て、ウエスト部のくびれをチェック。
- ☑ 真上から見て、腰のくびれ具合をチェック。
- ☑ 肋骨をなでて触れるかをチェック。
- ☑ ウエスト部に触れてくびれ具合をチェック。
- ☑ 背骨の突起、骨盤を触れるかをチェック。

BCS 1

痩せ ≫

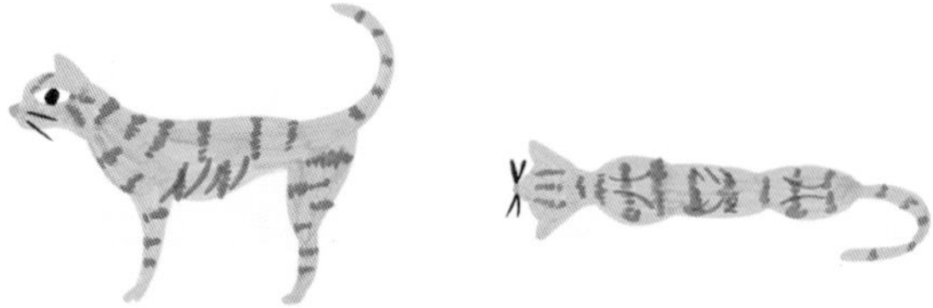

肋骨、腰椎、骨盤が外から容易に見える。
脇腹のひだには脂肪がないか、ひだ自体がない。

BCS 2

やや痩せ ≫

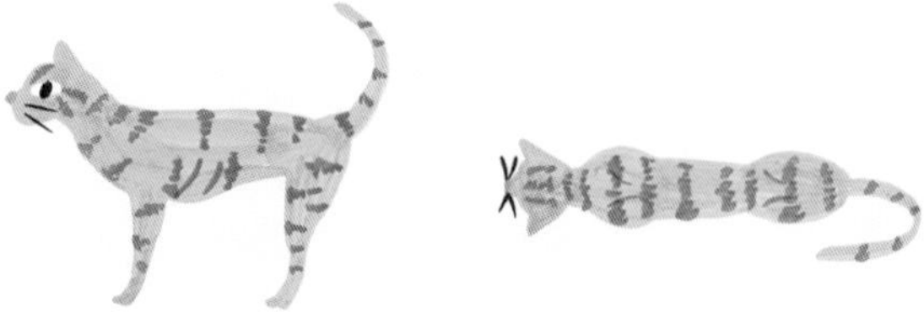

肋骨が容易に触れる。上から見て腰のくびれが顕著。

BCS 3

理想的

過剰な脂肪がなく、肋骨が触れる。横から見て腹部がつり上がり、脇腹にひだがある。

BCS 4

やや肥満 ≫

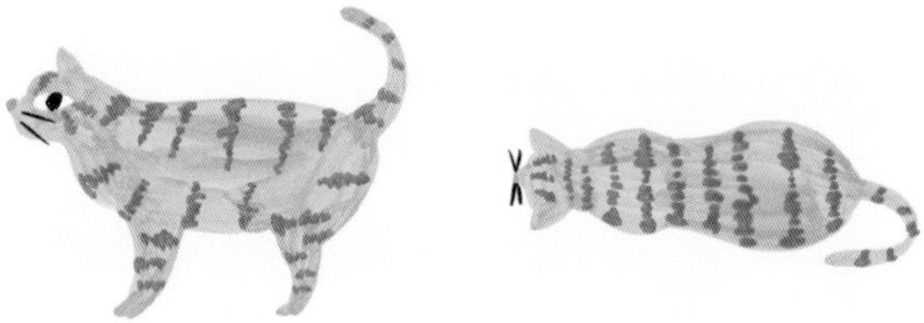

脂肪の沈着は多いが肋骨は触れる。上から見て腰のくびれが顕著ではない。脇腹のひだは適量の脂肪で垂れ下がる。

BCS 5

肥満 ≫

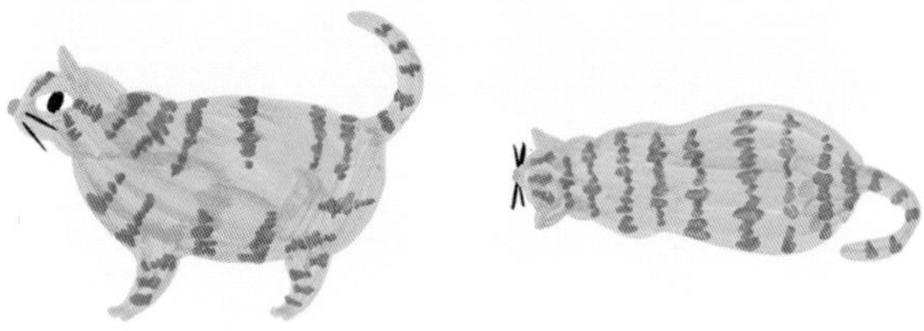

厚い脂肪に覆われて肋骨が容易に触れない。腰のくびれがほとんど見られない。腹部のつり上がりも見られない。

出典:「飼い主のためのペットフード・ガイドライン〜犬・猫の健康を守るために〜」環境省

Check 2

体調CHECKリスト

健康なニャンコでいてもらうためには「予防」こそすべて。1週間に1回は体調チェックをする習慣をつけましょう。気になることは放っておかず、獣医師に診てもらいましょう。

Check ≫ 鼻

- [ ] 日中、鼻が湿っていますか?
- [ ] 鼻に分泌物が出ていないですか?

Check ≫ 皮膚と毛

- [ ] 毛づやはありますか?
- [ ] フケや皮膚の赤み、ただれなどがないですか?
- [ ] 体にしこりはないですか?
- [ ] 普段と違うニオイがしたり、体臭が強くなっていないですか?

Check ≫ 口

- 口臭が出ていませんか?
- 硬い歯石はたまっていませんか?
- 歯茎はきれいなピンクをしていますか?

Check ≫ 便・尿

- 便、尿がしっかり出ていますか?
- 便はバナナ程度の軟らかさのものが出ていますか?
- 便から生臭いなどの悪臭がしませんか?
- 尿の回数や量、色（薄い黄色）はいつもと変わらないですか?
- 尿にキラキラしたものが混ざっていませんか?

Check ≫ 耳

- 耳垢やニオイはありませんか?
- 耳が熱くなっていないですか?

Check ≫ 目

- 涙目や充血はないですか?
- 目ヤニが多くないですか?

Check

3

歯周病に注意を！

猫が虫歯になることはなかなかないことですが、歯周病は多く、３歳以上の猫の８割が罹患しているといわれています。

歯周病は、歯に付着した細菌やその細菌が出す毒素によって歯肉や歯周組織に炎症が起こる病気。歯肉の赤みや腫れなどの歯肉炎に始まり、徐々に症状が進行して歯周炎になると、口臭、歯茎からの出血、歯がグラグラする、歯が抜けるなどの症状も。結果、歯の痛みによる食欲低下、鼻水・くしゃみ、顔の腫れや膿が出るなどの症状が起こることもあります。

子猫のときから口まわりを触らせてくれる習慣がついているニャンコなら歯磨きはできるかもしれませんが、成猫になったら、まず口まわりは触らせてくれません。最低でも週に1回は、歯周病にならないように歯のチェックを忘れずに。

歯周病CHECK

- 口を気にしていないか
- 口が臭っていないか
- よだれが多くないか
- 堅いものが食べられない
- 痩せてくる
- 顔が腫れてくる

歯のお手入れ

ガーゼで歯を磨く

湿らせたガーゼを指に巻き、歯の表面を磨いてみましょう。最初のうちはニャンコが好むウェットフードを水分に含ませ味をつけたりして、ガーゼが口に入るのを喜ぶようにしましょう。あらかじめ歯磨き剤が含まれた市販のシートもあるので、飼い主さんが使いやすく、愛猫が嫌がらないものを選ぶことがポイントです。

歯磨きガムなどを使う

歯垢を落とす目的で作られた歯磨きガムや歯磨きトイなど、猫が喜ぶデンタルケア製品もあります。

Check 4

尿も特に注意しよう

ニャンコに多い腎臓病。でも突然になるわけではありません。異変に早く気づいてあげればいいのです。1週間に1回は、尿そのものをチェックする習慣をつけましょう。

Question Q 色は?

A 薄い黄色が健康なおしっこの色です。

- ☑ 白濁している → 膀胱炎の可能性も
- ☑ 血液が混ざっている → 膀胱炎か結石、腫瘍の可能性も
- ☑ キラキラ光っている → 尿路結石症の疑いも
- ☑ 薄すぎる・濃すぎる → 腎臓疾患、糖尿病、肝臓疾患、脱水、膀胱炎の可能性も

⇓

すぐに病院に相談しましょう

Question Q 量は？

A 多すぎても少なすぎても問題。

腎臓が衰えて尿を濃縮できなくなると、必要な水分まで体外に出てしまうため、水をたくさん飲むことになり、尿の量が増えるという悪循環が起こります。1日の量を把握しておくことは、慢性腎不全の早期発見に！　おしっこの回数は１日１～３回が目安です。

猫のおしっこの1日量の目安

体重1kg当たり1日に必要な飲み水とおしっこの量 ≫
飲み水は40～60ml
おしっこの量は20～45ml（1日当たり）

例えば……体重3kgの猫は次のようになります。 ≫
飲み水は120～180ml
おしっこの量は60～135ml

固まる猫砂を使っている場合は、砂の固まりが尿の量を知る手がかりになります。ひとつの目安として、水50mlを注いだ猫砂の固まりをものさしなどで測って基準にするといいでしょう。

Question Q ニオイは？

A 普段と違うニオイがするときも注意が必要。

「ニオイがあまりしない」なんて喜ぶのは間違い！　臭わなくなったということは、おしっこが薄まっているということ。つまり、腎臓の機能が衰えて濃縮されていない可能性も。慢性腎不全の進行が疑われます。

Attention 「頻繁にトイレに行くのに何も出ない」は重大な病気の可能性も！

トイレに何回も行っているのに、尿も便も排泄しないのは危険な行動。猫に多い病気として「下部尿路疾患」の可能性も。これは膀胱や尿路が炎症を起こして血尿が出たり、尿路に結石が詰まって尿が出にくくなる病気です。メスより尿道の細いオスは、尿路に小さな結石が詰まりやすいので、より危険です。放っておくと急性腎不全を起こして命に関わります。

旬の季節を知る食材表

ニャンコの健康維持には、食材をローテーションすることが大切。旬のものは栄養価が高いので、積極的に取り入れましょう。肉や魚のたんぱく質を中心に、ビタミン、ミネラル、脂質、炭水化物も必要です。トータルに見て、炭水化物は人間と比べると、消化しにくいので与えすぎに注意を。

肉食材

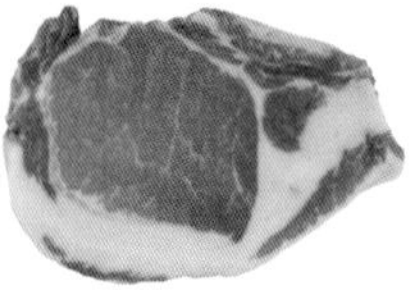

豚肉　平性

たんぱく質、脂質、ビタミンB1・B3

疲労回復や体の調子を整える働きがあり、ビタミンB3も豊富なので血流改善に。脂はできるだけ与えず、必ず火を通すこと。

春　夏　秋　冬　土

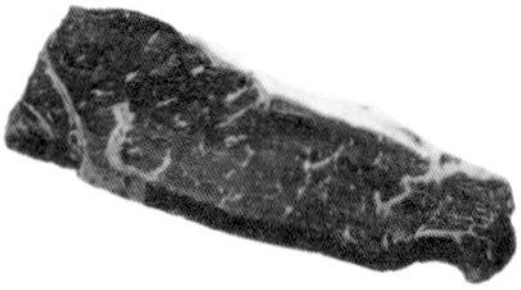

牛肉　平性

たんぱく質、脂質、アラキドン酸、ビタミンB群、鉄分、亜鉛

鉄分が豊富なので貧血予防に。また、アラキドン酸が含まれるので、体や脳の活性化にもおすすめ。

春　夏　秋　冬　土

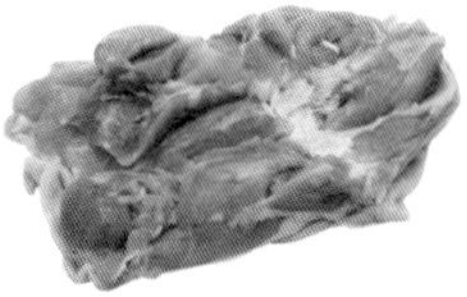

鶏肉　温性

たんぱく質、脂質、ビタミンA・B2・B3

食欲不振、体力回復に有効。ささ身は高たんぱく質の割に低カロリーだがリンが多いため、摂りすぎに注意！

春　夏　冬　土

温める　熱性 ＞ 温性 ＞ 微温性 ＞ 平性 ＞ 微涼性 ＞ 涼性 ＞ 微寒性 ＞ 寒性　冷やす

熱性　温性　微温性　体を温める性質。温は穏やかに体を温め、熱は温よりも強く温めます。　平性　中間の性質。体を温めも冷やしもしないので、長期に食べても偏りません。　微涼性　涼性　微寒性　寒性　体の熱を冷ます性質。涼は穏やかに体の熱を冷まし、寒は涼よりも強く体を冷やします。体に熱がこもりやすい体質や炎症があるとき、暑い時季に適しています。

㊍春 春が旬　夏 夏が旬　秋 秋が旬　冬 冬が旬　土 土用が旬

※野菜・きのこ・豆類の科目は、アレルギーなどにもご注意ください。

馬肉　寒性

たんぱく質、カルシウム、鉄分

鉄分が多いので貧血予防に。ただし、体を冷やす作用が強いため、高齢猫や慢性疾患の子は控えて。

春 夏

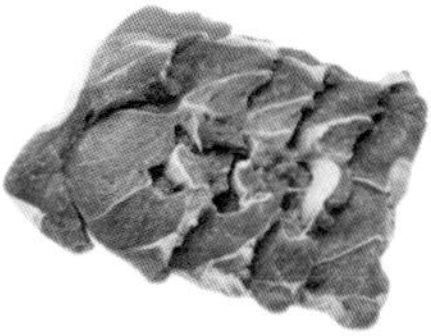

羊肉　熱性

たんぱく質、ビタミンB1・B2・E、L-カルニチン

体を温める効果が。L-カルニチンが豊富で脂肪燃焼を促進。低カロリーなのでダイエットにもおすすめ。

冬

鹿肉　温性

たんぱく質、ビタミンB2、鉄分

体を温め、足腰を丈夫にする食材。鉄分が多く、貧血にもおすすめ。低脂肪の割に高たんぱく質。

冬

魚食材

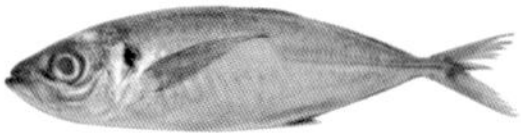

あじ　温性

たんぱく質、EPA・DHA、ビタミンB群・D

良質のたんぱく質が豊富。DHA・EPAも多く含まれている。

(夏) (土)

あゆ　温性

たんぱく質、カリウム、カルシウム、リン

リンやカルシウム、マグネシウムなどのミネラルが豊富。

(夏) (土)

いわし　温性

たんぱく質、EPA・DHA、タウリン、ビタミンD、カルシウム

カルシウム＆ビタミンDを含むため、骨密度低下の予防にも。

(土)

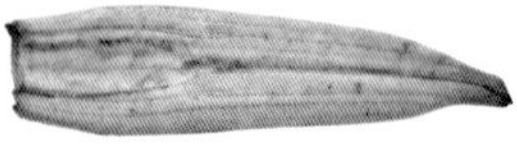

うなぎ　平性

たんぱく質、ビタミンA・B1・B2、カルシウム、亜鉛

脂質とたんぱく質が多く、ビタミン・ミネラルを豊富に含む高カロリーの魚。

(土)

かつお　平性

たんぱく質、EPA・DHA、ビタミンB群、鉄分、亜鉛、タウリン

タウリンが豊富で肝機能を高める働きが。脂肪分が多いのは戻りがつお。

(春)（初がつお） (秋)（戻りがつお）

かれい　平性

たんぱく質、コラーゲン、ビタミンB2・B3・D、タウリン

タウリンが豊富。たんぱく質を多く含んでおり、脂肪分は少ない。

(冬)

鮭　温性

たんぱく質、EPA・DHA、アスタキサンチン

強い抗酸化力を持つアスタキサンチンを豊富に含む。

秋　冬

さば　温性

たんぱく質、ビタミンB2・B6・D、EPA・DHA

脂質が豊富。DHA・EPAの含有量は青魚の中で群を抜く。

秋

さんま　平性

たんぱく質、EPA・DHA、ビタミンB12・D

DHA・EPAが豊富。鉄分などのミネラルやビタミンB12も豊富。

秋　土

すずき　平性

たんぱく質、ビタミンA・D

高たんぱく質・低脂肪でビタミンDが豊富。骨の形成を促す働きも。

夏　土

たい　平性

たんぱく質、タウリン、ビタミンB1

低脂肪・高たんぱく質。疲労回復効果や新陳代謝促進にも効果あり。

春　冬

たら　平性

たんぱく質、グルタチオン、ビタミンB12・D

低脂肪・高たんぱく質。腰痛などの末梢神経を回復させるビタミンB12も！

冬

ぶり　温性

たんぱく質、EPA・DHA、ビタミンB群・D

炎症抑制のDHA・EPAと皮膚の健康を保つビタミンB3で、皮膚病対策に！

冬

まぐろ　温性

たんぱく質、鉄分、EPA・DHA、タウリン

DHA・EPA含有。赤身はたんぱく質、トロは脂質が豊富。鉄分も◎。

秋　冬

野菜＆きのこ＆豆食材

※豆類、根菜類はよく火を通す。

［マメ科］

小豆　平性

たんぱく質、ポリフェノール、カリウム、鉄分

体内の余分な水分を取り除き解毒作用がある。むくみ・疲れ・便秘に！

㊰

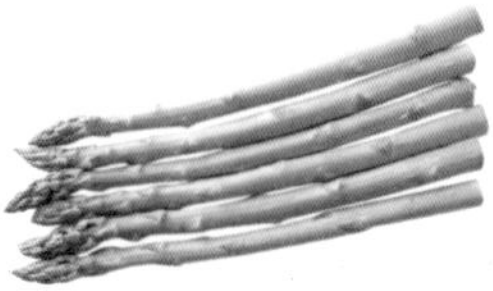

［キジカクシ科］

アスパラガス　微涼性

アスパラギン酸、ルチン、カリウム

疲労回復や新陳代謝を活発にするアスパラギン酸を多量に含む。

㊮

［マメ科］

枝豆　平性

たんぱく質、メチオニン、カリウム、鉄分

体の余分な熱と水分を出す。豊富なメチオニンで肝臓サポートも。

㊰

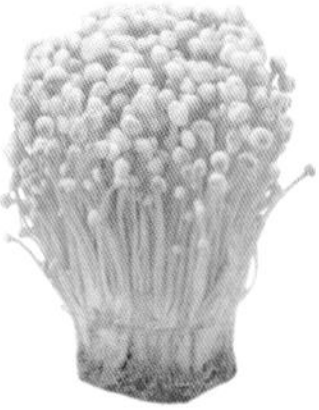

［タマバリタケ科］

えのきたけ　涼性

ビタミンB1・B2、β-グルカン

元気を補い、肺を潤す、乾燥の季節には欠かせない。痰を除く作用も。

㊮ ㊦ ㊏

［アオイ科］

オクラ　平性

食物繊維、β-カロテン、カルシウム、カリウム

弱っている消化器の働きを整え、消化を促進。食欲不振、便通改善に。

㊰

［アブラナ科］

かぶ　温性

アミラーゼ、ビタミンC、カリウム

アミラーゼという消化酵素が胃もたれや胸やけを解消、整腸効果も。

㊮ ㊮

［ウリ科］

かぼちゃ　温性

炭水化物、β-カロテン、ビタミンC、カリウム

胃を丈夫にして体力をつける力がある。さらに解毒作用も！

夏 土

［アブラナ科］

カリフラワー　平性

ビタミンC、カリウム、食物繊維

脳の働きを活性化させるほか、食物繊維を多く含むため、便秘解消にも！

冬

［アブラナ科］

キャベツ　平性

ビタミンC・K・U、ジアスターゼ

胃と腎の働きを良くする。ビタミンUは胃粘膜の働きを整える作用も。

春 冬

［ウリ科］

きゅうり　寒性

β-カロテン、ビタミンC、カリウム

体内の熱と余分な水分を取り、ほてりやのどの渇き、むくみに効果大。

夏 土

［ブナ科］

栗　温性

ビタミンB1・C、カリウム、タンニン

弱っている消化器の働きを高め、下痢を止める。貧血対策にも。

秋

［マメ科］

黒豆　平性

たんぱく質、アントシアニン、鉄分

余分な水分を排泄し、解毒作用があり、全身のむくみ解消にも期待。

冬

※豆類、根菜類はよく火を通す。
さつまいも、里いもはシュウ酸を含むので別にゆでて使う。

［キク科］
ごぼう　寒性

食物繊維、カリウム、カルシウム、マグネシウム

食物繊維が豊富。発がん物質などの有害物質を体外に排泄する働きも！

秋　冬

［アブラナ科］
小松菜　平性

β-カロテン、ビタミンC、カルシウム、鉄分、カリウム

カルシウムの含有量が多く、ニャンコのストレスやイライラを緩和。

春　冬

［ヒルガオ科］
さつまいも　平性

ビタミンC、炭水化物、食物繊維、カリウム

胃腸の働きを高めて気力を補う。便秘改善にも役立つ。

秋　土

［サトイモ科］
里いも　平性

ガラクタン、ムチン、カリウム、ビタミンB1

消化しやすく、ぬめり成分が胃腸の粘膜保護に役立つ。

秋

［キシメジ科］
しいたけ　平性

食物繊維、エリタデニン、ビタミンB1・B2・D

食物繊維で腸の掃除を。エリタデニンによる血流改善が期待できる。

春　秋

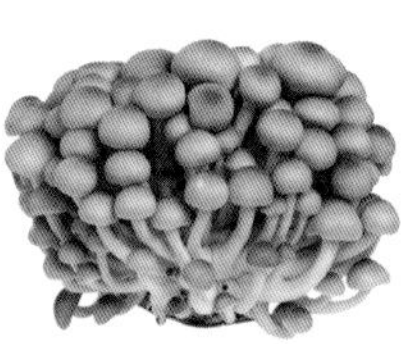

［シメジ科］
しめじ　涼性

食物繊維、ビタミンB1・B2・D、オルニチン

オルニチンがしじみの7倍！ 肝臓をサポートしデトックス強化。

秋

［ナス科］
じゃがいも　平性

炭水化物、カリウム、ビタミンC、食物繊維

ビタミンCはりんごの5倍！ カリウムも豊富なのでむくみ解消にも。

夏

［キク科］
春菊　涼性

β-カロテン、カリウム、カルシウム、鉄分

自律神経に作用し、胃腸の働きをよくし、便秘や胃もたれを改善する。

春　冬

［マメ科］
白いんげん豆　平性

たんぱく質、カリウム、カルシウム、鉄分、亜鉛

弱っている消化器の働きを整え、疲れ・めまい・食欲不振・下痢に効果あり。

秋

［ウリ科］
ズッキーニ　寒性

カリウム、ビタミンB群・K、β-カロテン

体の余分な熱と水分を出す。豊富なビタミンB群で疲労回復にも。

夏

［セリ科］
セロリ　涼性

食物繊維、ビタミンB1・B2・U、カリウム

抗酸化力の強い食材。利尿作用があり、むくみの解消にも。

夏　冬

［アブラナ科］
大根　涼性

ビタミンC、アミラーゼ

豊富な消化酵素で、胃腸の負担軽減。痰を除く作用や咳止めの作用も。

秋　冬

［マメ科］

大豆　平性

たんぱく質、イソフラボン、カリウム

利尿作用でむくみを取り除く。食欲不振、体の重だるさなどに効果がある。

㊙ ㊀

［アブラナ科］

青梗菜　平性

β-カロテン、ビタミンC、カリウム

熱を取り除き、血液の流れを整える働きも。ビタミンも豊富。

(秋) (冬)

［ウリ科］

冬瓜　微寒性

ビタミンC、カリウム

体内の余分な熱を冷まし、カリウムによる利尿効果でむくみを解消。

(夏) (土)

［ナス科］

トマト　微寒性

クエン酸、リンゴ酸、リコピン、β-カロテン

解毒・解熱作用があり、血をきれいにし、肝臓の働きをよくする効果も！

(夏)

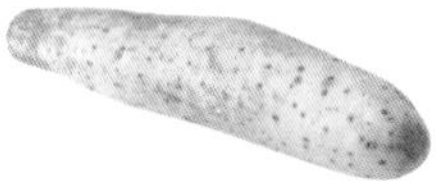

［ヤマノイモ科］

長いも　平性

炭水化物、カリウム、ムチン、アミラーゼ

豊富な消化酵素で胃腸の負担を軽減。疲労回復にも。

(秋)

［ナス科］

なす　涼性

カリウム、ポリフェノール

解熱作用がある。利尿作用もありむくみも取る。

(夏)

［アブラナ科］

菜の花　温性

β-カロテン、葉酸、カリウム、カルシウム、鉄分

豊富な葉酸・鉄分で貧血予防に。β-カロテンで、感染症予防にも。

(春)

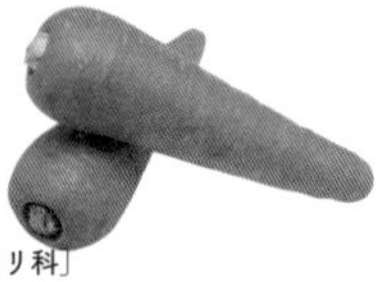

［セリ科］

にんじん　平性

β-カロテン、カリウム

カロテンは皮に多く含まれているので、皮をむかずに与える。

(春) (夏) (冬)

［アブラナ科］

白菜　平性

ビタミンC、カルシウム、カリウム

消化酵素が豊富。利尿作用もあるので、熱冷ましとしても使用できる。

(冬)

※豆類、根菜類はよく火を通す。ほうれん草、ブロッコリーはシュウ酸を含むので別にゆでて使う。なす、レタスはシュウ酸結石を抱えている子にはゆでこぼして使う。

〔アブラナ科〕

ブロッコリー　平性

β-カロテン、ビタミンC・E・K・Q、葉酸

レモンの3.5倍のビタミンC、発がん性物質の活性を妨げる期待の成分も。

冬

〔ヒユ科〕

ほうれん草　涼性

鉄分、ビタミンC、β-カロテン

鉄分が豊富。ビタミンCと一緒に摂ると吸収率がアップ。

冬

〔トンビマイタケ科〕

まいたけ　微温性

ビタミンB2・D、マイタケDフラクション

コレステロールの抑制や免疫の活性化、血糖値の上昇を抑える働きが。

秋

〔マメ科〕

もやし　寒性

カルシウム、カリウム、ビタミンC

体の余分な熱や水分を取り除くので、夏バテ・むくみの解消に。

春　夏　秋　冬　土

〔アオイ科〕

モロヘイヤ　涼性

β-カロテン、ビタミンC・E、カルシウム

豊富な食物繊維が腸内を掃除。活性酸素を除去する効果も！

夏

〔イネ科〕

ヤングコーン　平性

炭水化物、不飽和脂肪酸、ビタミンB1・E、鉄分

体の余分な水分とともに、熱も排出する。鉄分も豊富なので貧血予防にも！

夏

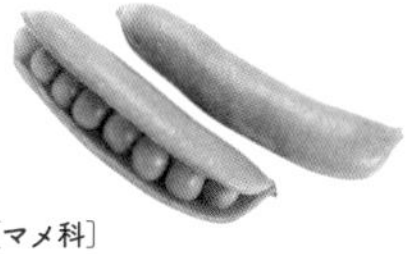

〔マメ科〕

緑豆　涼性

たんぱく質、カリウム、イソフラボン

体の余分な水分とともに、熱も排出。緑豆春雨でもOK。

春

〔キク科〕

レタス　涼性

食物繊維、ビタミンC、カリウム

体の余分な熱を冷ます。利尿作用、母乳の出をよくする、血を補う働きが。

春　夏

〔スイレン科〕

れんこん　平性

ビタミンC、カリウム、カルシウム、タンニン

胃腸の働きを改善し、食欲を整える。貧血予防にも。

秋　冬

Afterword あとがき

猫を飼っている飼い主さんからよく次のようなことを耳にします。
「猫ちゃんの食事は本当に難しい！」
「市販のフードでも受け入れてくれないのに、手作り食はハードルが高い」
「1匹が食べてくれても、もう1匹は食べてくれない」

「You Are What You Eat.」という言葉があるように、
毎日の食事が体を作っているということは、猫も人間も同じこと。
やっぱり、少しでも体に優しいものを与えたいと思うのは、
親心というものです。

「お肉は食べないけれど、魚なら食べてくれる」
「完全な手作り食は無理だけど、
トッピング程度なら食べてくれる」
「手作り食は食べないけれど、
手作りおやつなら食べてくれる」

その気づきが大事なのです。
猫の嗜好性を知って、ほんの少し食事を見直すだけでも、きっと
お互い、健やかな生活を送ることができるのではないかと思います。

キッチンでごはんを作っているときに、
猫が催促してくるようになったらこっちのもの。
小さくガッツポーズです（笑）。

そのような気づきを毎日見つけて、
最終的には、
猫が長生きごはんを
食べてくれるのを切に願います。

STAFF

Author ／林 美彩

Supervision ／古山範子

Photo ／武蔵俊介（世界文化ホールディングス）

Styling ／宇藤えみ

Cooking ／荒木典子

Illustration ／ MASAMI

Art Direction ／稲垣絹子（Jupe design）

Design ／坂本広和（Jupe design）

Special thanks ／鎌倉ねこの間

Sales ／丸山哲治

Promotion ／小野島健太

Composition & Text ／橋本優香

Edit ／宮本珠希

【参考文献】『五性・五味・帰経がひと目でわかる食品成分表』杏仁美友　監修（池田書店）
『プライマリ・ケアのための診療指針―犬と猫の内科学』長谷川篤彦　著（学窓社）
『愛猫のための症状・目的別栄養事典』須崎恭彦　著（講談社）

鎌倉ねこの間のニャンコたち。

安心・簡単・作り置きOK!
獣医師が考案した長生き猫ごはん

発 行 日　2020年11月25日　初版第1刷発行
　　　　　2023年 5 月20日　　　第4刷発行
著　　者　林 美彩
監 修 者　古山範子
発 行 者　秋山和輝
発　　行　株式会社世界文化社
〒102-8187　東京都千代田区九段北4-2-29
TEL：03-3262-5126（編集部）
TEL：03-3262-5115（販売部）
D　T　P　株式会社イオック
印刷・製本　大日本印刷株式会社

ISBN 978-4-418-20422-9